인간과 환경의 유기적 결합을 창조하는

통합디자인

박영순 · 김영인 · 이현주 · 이지현 · 정의철 · 이상원 지음

교문사

통합과 융합이라는 키워드가 미래의 새로운 비전으로 이야기된 지 벌써 여러 해가 지나고 있다. 디자인에 있어서도 산업과 교육 그리고 공공 분야를 중심으로 다양한 주체들의 통합·융합 디자인에 대한 다양한 논의와 디자인 실험이 활발해지고 있다. 하지만 혹자는 디자인에 있어서의 통합·융합은 이미 디자인 속성에 내재되어 있으므로 논의 자체가 무의미한 일시적 유행으로 이야기하기도 하고, 혹자는 통합·융합의 추구는 오히려 디자인의 본질을 희석하거나 변질시키는 경계의 대상으로 생각하기도 한다. 이 책은 통합·융합 디자인에 대한 다양한 생각과 이야기를 담고자 하였다. 1996년 연세대학교 생활과학대학에 설립된 생활디자인학과는 학과의 차별성을 '통합디자인' 교육으로 설정하여 제품·환경 그리고 패션디자인 분야에 브랜드와 아이덴티티, 사용자 경험과 서비스 개념을 통합하는 데 두었다. 이를 통해 디자인을 인간 생태와 생활 문화 속에 인간 삶의 가치를 창조하는 포괄적이고 근원적인 창작 활동으로 접근하여 많은 교육적 결과물을 만들어 내었다.

디자인에서의 통합은 디자인 프로세스가 가지는 속성상 여러 사람이 관여하기 때문에 이미 통합이 내재되어 있다거나, 혹은 통합디자인의 '결과물'이 기존과 유사하기 때문에 의미가 없다고 이야기할 문제는 아니다. 디자이너의 창조적 문제 이해와 해결 과정인 '디자인사고(Design Thinking)'는 통합적 사고 방법으로 창의성을 위해 다양한 분야에 소개되어 활용되고 있다. 또한, 인류가 대처해야 하는 복잡하고 다양한 문제를 탐색하고 해결안을 찾기 위한 협업에 있어 '디자이너'의 역할은 점점 중요해지고 있다. 디자인의 개념은 '대중성에 기반한 예술적 기술'에서 '인류의 삶을 향상시키는 태도와 사유의 방법'으로 다양해지고 있으며, 디자인의 가치와 가능성에 대한 논의가 활발하게 진행되고 있다. 이 시점에서 '통합디자인'의 개념과 방법, 그리고 미래에 대한 비전을 논의하고 실천의 방향을 설정하며, 이를 위한 교육 방법을 정리해 보는 것은 의미있는 일이 될 것이다. 이 책은 통합디자인에 대한 다양한 논의를 되짚어보고 디자인이란 무엇인가를 다시 생각해보는 좋은 출발점이 될 것이다.

1장의 '통합디자인의 등장'에서는 통합디자인의 배경과 개념, 그리고 현재 활발하게 나타나고 있는 현상에 대한 이야기를 통해, 통합디자인이 왜 필요하고 어떤 의미를 가지는지에 대한 이야기를 담고 있다. 2장 '통합디자인의 변화와 현재'에서는 디자인에 있어서 통합적 접근이 왜 필요한지를 궁극적으로 창의성이라는 개념과 연결시켜 설명하고자 하며, 통합을 위한 협업의 방법과 통합적 디자인 결과물의 특징을 이야기하고 있다. 3장 '패션 경계의 확장과 크리에이터'에서는 패션디자인 분야에 나타나고 있는 다양한 협업의 재미있는 사례를 통찰력 있게 분석하고, 앞으로의 확장 가능성에 대해 이야기하고 있다. 4장 '커뮤니케이션 확장과 이미지 통합'에서는 브랜드와 아이덴티티 기반의 통합디자인이 가지는 특성과 의미, 그리고 다양한 방법들을 사례와 함께 설명하고 있다. 5장 '통합적 사고와 디자인 코디네이션'에서는 제품·환경디자인 분야의 사례와 이것이 가지는 사회적 의미에 대한 이야기를 통해 우리 생활환경 속에서의 통합디자인을 이야기하고 있다. 6장 '통합적 건축 공간 디자인'에서는 종합예술로 이야기되는 건축 분야에서의 통합의 개념과 역사, 그리고 사례를 통해 디자인에서의 통합의 방향성을 가늠해 보고자 한다. 7장 '통합디자인 교육과 정책'에서는 국가 및 공공정책, 산업, 그리고 교육 현장에서의 변화와 통합디자인과 관련된 정책, 조직, 그리고 다양한 시스템에 대한 이야기를 하고 있다. 8장 '통합디자인 프로젝트 진행'에서는 다양한 통합디자인 교육의 방법과 사례를 바탕으로, 다양한 전공 교수님들이 협동지도 형식을 통한 실질적 통합적 수업 운영 방법과 결과들을 소개하여, 통합디자인 교육의 지침을 제공하고자 하였다. 마지막으로 9장 '통합디자인과 미래'에서는 앞으로의 통합디자인 방향성과 인재상에 대해 이야기하고자 한다.

우리는 이 책이 통합디자인 교육의 방법과 방향성에 대한 논의의 출발점이자, 디자인의 잠재적 가치를 다양하게 생각하여 디자이너의 역할을 확장시키는 도구이며, 궁극적으로 디자인 분야의 경쟁력을 보다 근본적으로 향상시키는 하나의 계기가 되었으면한다. 현재 우리 사회에서 디자인에 대한 관심이 많이 높아지고 있지만, 디자인에 대한이해는 매우 단편적인 것이 사실이다. 디자인을 단지 '소수의 소비자들을 위한 것', '아름다움을 추구하는 것'이라는 사회적·대중적으로 인식하고 있으며, 산업계에서는 디자인을 '물건을 잘 팔기 위한 일차원적인 수단'으로 인식하고 있다. 우리 디자이너들스스로가 디자인의 가치를 다시 한번 생각해 보고 디자인의 의미와 역할을 정립하는것은 그 의미가 있다고 할 수 있다. 통합디자인은 보다 포괄적 관점과 전일적 방법을통해 디자인 본연의 가치와 디자이너의 역할, 그리고 미래 가능성을 타진하는 하나의방법이자 철학이기 때문이다.

시대의 흐름을 읽어내고 창의적 시도를 통해 혁신적 미래를 만들어 나가려는 디자이너, 교육자, 기업가, 행정가들의 노력과 도움이 없었다면, 이 책은 결코 완성될 수 없었을것이다. 마지막으로 출판에 도움을 주신 교문사 관계자분들에게 깊은 감사를 드린다.

2015년 1월
아름다운 연세대학교 신촌캠퍼스에서
생활디자인학과 교수 일동

C O N T E N T S

통합디자인의 등장

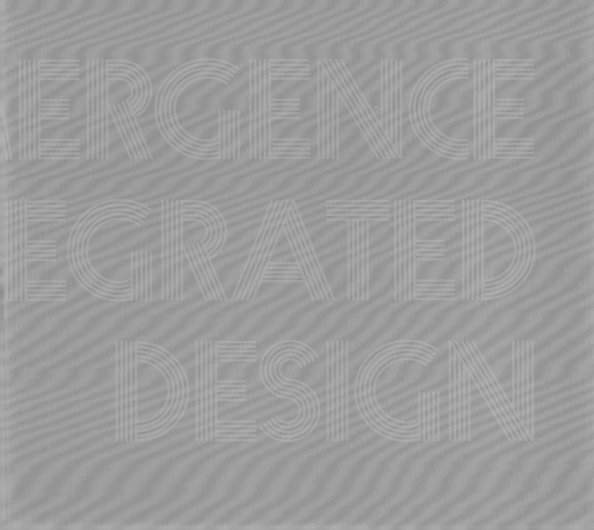

통합디자인의 등장

Emergence of
Integrated Design

패러다임 변화와
통합디자인

21세기로 접어든 지 10여 년밖에 지나지 않은 오늘날 디지털혁명이나 지식 정보사회라는 말이 오히려 새삼스럽게 느껴질 정도로 정보와 네트워크 환경은 이미 우리 삶의 일부가 되어버렸다. 미래학자들이 예견하였던 온라인 쇼핑, 온라인 뱅킹 등은 이미 생활화되었고, 사이버대학, 재택근무, 원격 치료 등의 실현이 점차 가시화되고 있다. 농업혁명이 완성되는데 3000년이 걸린 데 비해 산업혁명은 300년이 걸렸고, 디지털혁명이 30년 걸린 데 비해 인터넷혁명은 불과 5년 만에 이루어졌다. 최근 3차 산업혁명으로 불리는 변화는 인류의 미래에 많은 영향을 줄 것으로 이야기되고 있다. 이처럼 변화의 속도는 지속적으로 갱신되고 있으며, 우리가 인식하지 못하는 사이에 모든 삶의 시스템은 인터넷 없이는 하루도 살 수 없는 환경으로 변화하고 있는 상황이다. 컴퓨터, 반도체, 통신기술이 만들어 내는 거대한 지식 정보의 물결은 패러다임의 변화와 더불어 나날이 그 범위의 확장과 새로운 혁신적 디자인의 출현을 촉구하고 있다. 이는 디자인 프로세스와 방법에 있어서도 혁신적 변화가 불가피함을 시사하는 것이다.

이처럼 디지털혁명이 가져온 사회 전반의 패러다임의 변화는 개개인의 삶의 방식과 가치관, 그리고 라이프스타일의 변혁을 가져왔다. 산업사회의 환경 속에서 다양해진 제품에 적응하며 순응의 자리에 머물러 있던 소비자는 이제 폭 넓고 신속한 정보에 대응하며 사용자 중심의 디자인 방법을 요구하게 되었다. 생산과정에 적극 참여하는 소비자를 일컫는 '프로슈머 prosumer'라는 신조어가 의미하듯이 고도의 정보와 지능화된 환경 속에 살고 있는 소비자는 고품질의 편리성과 함께 더 높은 차원의 욕구와 감성적 만족감을 추구하게 되었다. 이러한 시장의 변화는 디자인에 있어서도 기본 개념부터 생산자 중심이 아니라 사용자 중심으로 그 초점을 이동하는 계기가 되었으며, 디자인의 목표는 신체를 편하게 하는 기능뿐만 아니라 정신적 안정과 즐거움을 창출하는 질 높은 경험과 서비스로 전환하였다.

지난 한 세기 동안 디자인은 창의적 사고를 기반으로 하는 문제해결 과정에서 그 중심을 물질적인 것, 즉 볼 수 있고 만질 수 있는 조형적인 것이 대상이었지만, 이제는 눈에 보이는 것뿐만 아니라 보이지 않는 무형적인 것, 그리고 우리 삶과 사회, 문화의 문제, 디자인의 대상으로 확대되고 있다. 즉, 콘텐츠와 인터렉션, 그리고 사용의 경험과 사용 이후의 문제들

● 디지털혁명의 선두에 나선 삼성전자
ⓒ 바이널아이

을 해결하도록 디자인의 범위를 확장해야 하는 포괄적 책임을 부여받게 된 것이다. 다시 말해서 산업시대에 조형성, 기능성, 경제성, 생산성에 집중하던 디자인은 이제 사용자의 환경 여건과 경험, 그리고 사용자의 태도와 행동에 영향을 미치는 총체적 서비스, 그리고 삶의 모습과 이를 통해 파생되는 사회, 문화적 영향에 이르기까지 더 폭 넓고 더 깊이 있는 복잡한 문제들에 관여하게 된 것이다.

제일모직 삼성패션연구소는 21세기 디자인 패러다임의 4가지 주요 요소를 흥미로움 interesting, 안전 safe, 디지털 digital, 자연 natural 으로 축약하여 2010년 〈매일경제〉에 발표하였다. 이는 20세기에 상실되었던 인간성의 회복과 자연에 대한 존중, 그리고 21세기의 성과인 첨단기술을 누리고자 하는 한 차원 높은 인간 욕구에서 기인한 것으로 보인다. 이러한 패러다임의 전환 속에서 파생된 이러한 욕구는 디자인 문제를 더욱 난해하고 복잡하게 만든다.

예를 들면 이제까지 육아, 교육, 휴식, 모임 등은 각기 다른 유형의 생활공간에서 일어나는 행위였지만 소비자는 이를 동시에 할 수 있는 환경을 요구한다. 아이를 놀이방에 맡겨 놓고 놀이하는 모습을 지켜보면서 친구를 만나거나 식사를 하고, 다양한 휴식행위를 할 수 있기를 원한다. 또한, 아이가 놀이를 하면서 무엇인가 배울 수 있는 교육환경이 되기도 하고, 다양한 모임이나 행사를 가능케 하는 파티의 장소가 되기를 원한다. '키즈 카페'는 이러한 요구에 부응하는 새로운 공간이다. 이러한 통합된 경험을 제공하는 디자인은 단순한 놀이방이 아니며, 식당과 카페, 카메라와 영상시설, 교육시설 등 사용자의 변화하는 요구를 통합적으로 이해하지 않으면 접근하기 힘든 문제들이 내재되어 있는 것이다.

이처럼 확대된 디자인 환경과 영역에서의 문제는 이제 개인 디자이너의 역량이나 개별 디자인 요소만으로 해결하기에는 점점 더 복잡하고 어려운 것이 되고 있다. 개인의 전문성이나 역량으로 해결이 어려운 복잡한 문제에 대응하기 위한 새로운 방법으로 등장한 것이 다양한 디자인 영역을 통합하여 사용자들의 요구에 총체적 해결책을 제시하는 '통합디자인'이다.

◉ 뉴미디어 디지털시네마
인터랙티브 티켓보드
시스템, 롯데시네마
ⓒ 바이널아이

디자인 문제의 통합적 접근은 기업과 실무 디자인 분야에서 그 필요성을 자각하고, 다양한 디자인 분야의 전문가로 팀을 구성하여 기업의 특정 프로젝트를 진행할 때에 실행되어 왔다. 하지만 이제는 이러한 임시방편적 애드 혹ad hoc 접근이 아닌, 디자인의 새로운 방향성을 제시하는 콘셉트이자 방법으로 통합디자인을 정의하고 체계화할 필요가 있다.

기업의 이미지 구축을 위한 이미지와 매체 통합디자인, 이종 기업이나 디자이너 간의 협업이 이루어졌으며, 사용자 요구에 대한 보다 근본적인 해결안 제시를 위하여 다학제적 미래 핵심 경쟁력 연구 등 타학문과의 융합적 접근도 활발히 이루어지면서 다양한 국면으로 전개되고 있다.

장인의 시대

대량생산체제를 통해 본격화된 디자인은 본래 인간과 환경, 기능과 조형,

🔻 새로운 라이프스타일
키즈 카페, 리틀몬스터
© 리틀몬스터

생산과 시장 등을 고려하여 하나의 해결안을 모색하는 통합적 문제해결의 과정과 결과물이다. 생활환경과 생활용품을 수공예로 만들던 시절부터 이러한 통합적 개념의 디자인 과정은 물건을 만드는 사람들의 기본적인 생각이었을 것이다. 따라서 수공예시대에는 건축과 인테리어, 가구와 생활용품, 의류와 장식 등 다양한 디자인 분야에서 뚜렷한 구분 없이 장인들은 주어진 과제에 대한 통합적 사고 속에서 다양한 작업을 수행하였다.

예를 들면 목재 가구를 만드는 장인은 재료를 직접 찾아 나서거나 원목을 직접 구입하면서 환경과 소통하고, 사용자와 소통하며 필요한 기능을 고안하고, 대대로 진화되어 온 제작 방법과 기술을 활용해서 가능한 한 효율적으로 제작하고, 완성된 물건을 직접 소비자에게 팔고, 또 특별 주문을 받아 새로운 디자인을 만드는 전인적 디자인 과정을 수행해 왔던 것이다. 따라서 공예시대의 디자이너는 사용자와 직접 소통하는 기획자이며, 재료와 기술을 섭렵한 기술자였으며, 이러한 공예시대의 장인들은 모든 제품을 만들기 위한 인간과 자연의 관계를 이해하고, 또한 전체 제작과정에 관여하는 통합디자이너였다고 말할 수 있다.

그러나 산업혁명과 함께 맞이한 사회적 변화와 경제적 성장, 중산층의 확대, 예술민주화에 대한 요구는 수공예의 전인적 통합능력에만 의존할 수 없는 수요와 공급의 문제를 야기시켰다. 산업혁명은 이에 부응하는 대량생산을 가능하게 했고, 이후 한 세기에 걸쳐 예술공예운동, 아르누보, 아르데코 등 많은 디자인 방법의 새로운 시도들이 전개되었다. 그 과정에서 당시로서는 혁신적인 새로운 디자인 방법인 표준화와 획일화에 따른 기계미학이라는 논리 속에서 국제주의를 표방하는 모더니즘이 탄생하였고, 대량생산의 산업시대를 꽃피우게 되었다. 이러한 시대적 배경에서 공예와 구분되는 디자인, 또는 산업디자인 개념이 탄생하게 되었다. 그리고 디자인은 다양한 전문화된 영역으로 분화되기 시작하였다.

분업화된
전문가의 시대

산업혁명으로 시작된 대량생산시대의 산업디자인은 분업의 효율성에 압도되어 모든 일이 마치 기계의 부품처럼 세분화되기 시작하였다. 특히, 경제 대공황 이후에 디자인이 사람들의 소비를 촉진시킬 수 있는 좋은 방법으로 인식되면서 산업을 활성화시키기 위한 도구의 개념으로 인식하는 경향이 더욱 강해졌다. 따라서, 분업화를 더욱 가속화하여 전체 개발과정에서 경영자, 기획자, 디자이너, 엔지니어, 마케터, 세일즈맨 등은 각자의 업무 범위를 세분화하고, 서로 간에 장벽을 넘으려 하지 않게 되었다. 디자인 또한 시각, 제품, 공간, 환경, 패션, 포장 등으로 세분화하여 각 분야에서의 전문성을 더 기술적으로 심화하였다. 이에 따라 상호 간의 교류나 협력보다는 각 영역에서의 전문성 확보에 심혈을 기울이게 되었다.

이러한 현상은 디자인 분야 내부에서도 나타났다. 이 시대를 대표하는 산업디자인은 제품디자인, 또는 공업디자인으로 명명되면서 포스터, 인쇄물과 같은 매체를 다루는 시각디자인, 또는 그래픽디자인과 분리되었고, 건축디자인은 구조와 외형에 집중하여 실내 공간을 다루는 실내디자인과 분리되었다. 포장디자인은 제품의 일부이면서도 시각디자인 중심이라는 점에서 독립적인 분야로 분리되었고, 편집디자인은 시각디자인 중에서도 서체와 레이아웃 중심이라는 점에서 독자적인 분야가 되었다. 또한, 무엇보다 산업혁명의 시작점이라고 할 수 있는 패션디자인도 독자적 분야로 발전하게 되었다. 이러한 분업화는 시간이 지남에 따라 그 효율성이 한계점에 도달할 수밖에 없었고, 인간과 환경이 도외시되는 과정에서 문제점이 나타나면서 진정한 인간을 위한 디자인을 창조하기 위해서는 서로 간의 소통이 필요하다는 사실이 새롭게 인식되기 시작하였다.

20세기 후반에 들어서면서 산업화와 모더니즘이 남긴 문제점들이 서서히 드러나기 시작하였다. 기계주의를 수용하고 효율과 기능을 중시한 모

● 모더니즘의 한계를 상징하는
프루이트 아이고(Pruitt Igoe)
프로젝트의 폭파

더니즘은 대량생산과 산업화에는 크게 공헌하였지만, 국제주의가 몰고 온 정체성의 부재, 전문화와 분업화로 인한 엘리트와 대중 간의 단절, 그리고 대중들 간의 개인주의와 소외감, 초고층 빌딩과 도시집중화에 따른 밀집과 도시범죄 등 수많은 새로운 문제를 생산하는 데 크게 기여하였다는 사실이 속출되었다. 또한, 대량생산과 대량유통은 소비주의를 불러일으켜 자원낭비에 대한 의식을 마비시켰고, 이는 경제적 풍요에도 불구하고 빈부의 양극화, 천연자원 고갈, 생태계 파괴 등 돌이키기 어려운 사회적·환경적 불균형의 문제들을 초래하였다.

분업에서
통합으로

21세기가 가까워지면서 지난 한 세기 동안 산업발전을 통해 이루어낸 결과에 대해 성찰해보려는 목소리가 높아졌고, 이제까지 진행해 온 디자인 문제해결 방법에 대한 성찰과 변화를 요구하게 되었다. 모더니즘에 대한 문제인식을 기반으로, 디자인 문제에 접근하기 위해서는 인문, 사회, 경영, 과학, 기술, 공학 등 다양한 지식정보를 고루 충분히 반영해야 함을 깨닫게 되었다. 즉, 변화하는 새로운 시대에 부합하는 지속 가능한 굿 디자인good design을 만들기 위해서는 다학제적 연구, 협업을 통한 팀 작업 등 새로운 디자인 방법이 필요하다는 사실을 인식하게 되었다. 분업과 집단 이기주의에서 벗어나 함께 숙고하는 방안이 보다 창의적인 문제해결 방향이라는 기대 속에서 퓨전fusion, 크로스오버crossover, 하이브리드hybrid, 통합integration, 융합convergence, 통섭consilience, 협업collaboration이라는 개념들이 예술 분야를 선두로 하여 정보통신과 IT, 문화산업을 중심으로 사회 전반에서 관심을 모으기 시작하였다. 특히 디자인에 대한 사회적 관심이 높아지게 되었고, 디자이너의 사고 과정과 접근 방법을 이해하려는 다양한 연구가 나타나게 되었다.

　통합디자인^{integrated design}이라는 용어가 디자인 분야에서 전문적인 개념으로 정의되기 시작한 것은 1990년대부터이다. 처음 이러한 소통과 통합의 필요성을 절실히 느끼게 한 분야는 제품디자인이었다. 영국의 산업디자이너 스튜어트 푸^{Stuart Pugh}는 기계공학을 전공하고 엔지니어 디자이너로 시작하여 매니지먼트를 맡게 되는 과정에서 디자인과 엔지니어링, 그리고 매니지먼트 사이의 단절된 인식들이 새로움을 창조하는데 큰 걸림돌이 되고 있다는 사실을 절감하였다. 그는 디자인과 설계, 공정과 관리의 실무과정에 통합적 디자인 프로세스를 도입했을 뿐만 아니라, 이를 기반으로《토털디자인*Total Design*》¹⁹⁹¹이라는 저서를 통해 디자인 과정에서 시장과 소비자의 연결이 필요함을 주장하였다. 또한, 더 만족스러운 제품을 만들기 위해서는 제품과 관련된 모든 분야에 대한 통합적 개념이 체계적인 과정으로 연결되는 프로세스를 제시하였다.

　건축 분야에서는 구조, 재료, 순환체계, 조명, 법규, 설계 등 디자인에 관련된 수많은 요인들의 문제에 대해 효과적으로 소통하고 되풀이되는 시행착오를 줄이고, 지속가능한 건물을 짓기 위해 통합디자인 프로세스^{Integrated Design Process, IDP}를 활용하고 있다. 통합디자인 프로세스의 중요성을 널리 알리고 있는 캐나다의 건축가 테레사 코디^{Teresa Coady}는 디자인 과정에서 형태, 구조, 환경, 조명, 공조, 재료 등이 언제 어떻게 각 분야의 전문가들과 소통해야 하는가에 대해 체계적인 방법론을 제시하였다^{Teresa Coady, 1994}. 이러한 프로세스는 초기 비용과 시간이 많이 필요하다는 문제점은 있으나 시행착오를 줄이는 데는 획기적인 개선방법이 되었다. 이러한 통합디자인 개념은 디자인의 전 과정에서 통합적 사고의 필요성과 접근방법을 체계화시키는 초기의 움직임으로 보인다. 건축 분야의 통합디자인 프로세스는 꾸준히 발전하면서 실무에 적극적으로 활용되고 있다. 통합적 접근방법은 초기단계에서 디자이너, 개발자, 그리고 프로젝트에 관여해야 하는 여러 분야의 전문가들이 팀을 조직해서 각기 다른 영역의 전문 지식을 제시하여 성공 확률이 높은 디자인으로 완성을 유도하는 디자인 방법과 기술로 발전하고 있으며, 아직도 진화하고 있다.

디자인 영역 간의 통합   산업시대의 디자인 분야는 분업화에 발맞추어 시각, 제품, 건축, 실내, 포장, 의상 등 기술적 지식 중심의 분야들로 분류되어 각 분야 간의 소통을 스스로 차단하였다. 건축은 실내디자인을 경시하고, 실내디자인은 개별 제품이나 시각디자인 결과물은 크게 중요하지 않다고 생각하며, 제품디자인은 패션과는 연관성이 적다고 생각하는 경향이었다. 그러나 인간의 환경은 통합되어 있고, 각각의 분야에서 만들어진 디자인 결과물은 특정 개인이 선택하고 사용하므로 결국 한 장소에 모일 수밖에 없는 것이다. 실내 공간이 없는 건축은 불가능하며, 공간 내에 필요한 제품과 집기들이 없다면 공간이 제 기능을 하기 어렵다. 또한, 공간 내에는 다양한 시각정보들이 장소를 찾고 아이덴티티를 만들어 내는 데 도움을 주게 된다. 따라서 제품, 시각정보, 환경디자인이 각자의 지식정보를 소통하거나 협력하지 않고 분리되어서는 하나의 완성된 공간을 만들어 낼 수 없다는 인식이 점차 통합디

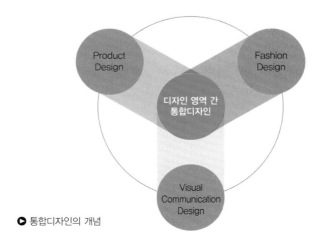

▶ 통합디자인의 개념

자인의 타당성을 확인해 주고 있다.

　이처럼 산업시대에는 공급자 중심의 입장에서 당연히 여겨졌던 디자인 영역 간의 분리가 사용자의 환경을 만든다는 입장에서 바라보면 매우 부적절한 접근방법임을 알 수 있다. 아직도 우리 주변에는 상점의 전시대 위에서만 빛을 발하는 제품들을 흔히 볼 수 있다. 공간 내에서 결코 주인공이 될 수 없는 제품인 경우에도 불구하고 지나친 색채와 패턴으로 장식되어 어떤 장소에 놓아도 조화를 이루기 어려운 디자인은 공간에 대한 이해의 부족에서 기인하는 것이다. 무엇보다 디자인 영역 간의 통합은 디자인의 가치를 대중에게 올바로 인식시키고 또한 디자인이 가지는 파급효과를 높이는데 도움이 된다. 디자인은 우리의 삶의 모습을 형성하는 역할을 한다. 이러한 삶의 형성은 다양한 디자인 영역들이 서로 조화를 이룰 때에 비로소 완성된다. 또한 형성된 가치 있는 삶의 모습은 디자인의 진정한 필요성을 대중들에게 인식시키는데 큰 도움이 된다. 사람들은 자신의 삶의 공간을 다양한 물건을 선택하고 배치하면서 스스로 구성한다. 디자인의 각 영역은 서로간의 이해와 통합을 통해 삶의 모습과 문화를 형성한다는 것을 생각하고, 이것을 실천해야 한다. 디자인 영역간의 통합은 이러한 측면에서 의미 있는 접근이라 할 수 있다.

이종 영역 간의 융합　　디자인 영역 간의 통합과 함께 관심 있게 보아야 하는 부분이 디자인을 중심으로 하는 이종 영역 간의 융합이다. 점점 복잡해지고 있는 다양한 문제 해결을 위해서, 나아가 미래의 새로운 성장 동력 발굴을 위해서 타 영역과의 융합은 매우 중요하다. 디자인과 IT기술, 의학, 관광, 금융 분야와의 활발한 교류와 협업을 통한 다양한 사례들은 좋은 예가 될 것이다. 디자인과 IT기술이 만나 새롭게 형성된 분야로 인터렉션, 사용자 경험 디자인 분야를 들 수 있다. 컴퓨터 기술의 발달은 인간의 사고 능력을 향상시키는데 크게 기여하였다. 하지만, 확장된 사고 능력을 인간의 삶과 연결시키기 위해 디자인은 매우 중요하다. 제록스파크^{Xerox PARC}의 데스크탑^{Desktop}을 상징하는 GUI 디자인 개념이 탄생하지 않았다면, 컴퓨터가 인간의 삶의 행태를 바꾸는데 실패하였을 것이다. 최근 IT산업의 총아로 불리는 모바일 산업에서 애플과 삼성의 디자인 특허 분쟁은 GUI/UI 디자인의 중요성을 보여주는 사례이다. 디자인은 고객에게 제품과 서비스의 우수성을 전달하는 가장 중요한 접점에 있다. 제품의 형태와 사용자 인터페이스 디자인의 수준은 제공하는 서비스의 성격과 함께 사용자의 삶의 가치와 이미지를 형성하는데 큰 영향을 주기 때문에 디자인은 매우 중요하다. 디자인과 의학, 관광, 금융 분야가 만나 새롭게 형성된 분야로 서비스디자인 분야를 들 수 있다. 최근, 의료서비스 수준의 향상을 위하여 환자의 진료 경험이 디자인의 대상으로 인식되기 시작하였다. 클리블랜드 병원^{Cleveland Clinic}은 치료 이후부터 퇴원에 이르는 과정 내의 전반적 서비스 향상을 통하여 의료 분야 서비스디자인의 대표적 사례로 이야기되고 있다. 관광 분야로는 버진 아틀란틱 항공^{Virgin Atlantic Airways}이 영국 히드로 공항의 전용터미널을 다시 디자인하여 비행기 탑승의 복잡하고 불필요한 과정을 줄여, 탑승객 수의 증가와 고객 충성도를 높일 수 있었다. 또한, 금융 분야에서는 아메

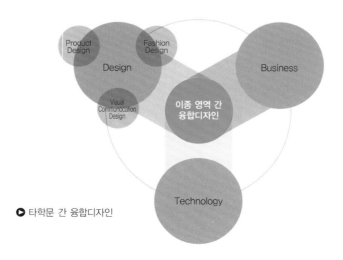

▶ 타학문 간 융합디자인

리카은행^{Bank of America}이 체크카드로 구매한 제품의 거스름돈이 저축계좌에 입금되는 상품인 '잔돈을 보관해주세요^{Keep the Change}'를 디자인하여 큰 성과를 거두었다. 이종 간의 통합을 위해서는 디자인의 의미와 존재 이유, 그리고 그 역할을 명확하게 정리하는 것이 중요하다. 디자인에 대한 명확한 이해 없이는 융합시대에 디자인의 가치를 이종 영역에 전파하는 것은 어려울 것이다. 디자인은 이종 영역 간의 융합에 있어 보다 주도적인 역할을 담당하여야 한다. 전체 제품개발 프로세스를 살펴보더라도 디자인은 프로세스의 중간에 위치하고 있다. 즉, 경영, 마케팅 분야에서 담당하는 기획 단계와 공학이나 기술 분야가 담당하는 생산 단계의 중간에 위치하여 중재자적 역할을 수행하는 것이다. 디자인은 이종 영역 간의 융합을 통해 자신의 위치를 더욱 확고히 할 수 있으며, 미래 산업을 이끄는 동력으로 그 위상을 높일 수 있을 것이다.

디자이너의 통합적 사고　　디자인은 다른 학문 분야에 비해, 실용학문으로서의 성격이 강하다고 인식되고 있다. 따라서 창의적 결과물을 만들기 위한 실무적인 프로세스는 많은 발전을 하였으며, 최근에는 디자이너의 창의적 활동을 이론화하고, 체계적인 방법으로 정리하는 연구도 활발하게 이루어지고 있다. 즉, 디자이너의 창의적 발상의 핵심으로 디자이너의 통합적 사고 과정에 주목하기 시작한 것이다. 이를 위해 지난 10여 년간 세계 디자인계에서는 디자인 이론과 연구의 필요성을 제기하고 다양한 국제회의에서 디자인 연구방법에 대한 논의를 진행해 왔다. 이러한 논의를 중심으로 최근 시카고에 있는 일리노이 공대^{IIT} 디자인 인스티튜트의 샤론 포겐폴^{Sharom Poggenpohl} 교수와 게이이치 사토 ^{Keiichi Sato} 교수가 《디자인 통합^{Design Integration: Research and Collaboration}》이라는 저서를 출간하였다. 그 내용은 미래 사회를 위한 창의적 디자인 방법론으로서 통합디자인 방법을 제안한 것이다.

　　포겐폴은 디자이너들이 디자인을 개인의 작업으로 간주하는 경향이 있어서 다른 분야와의 협업을 어렵게 한다고 지적하였다. 이처럼 작품으로서의 결과물에 집중하다 보면 디자인 과정에서 다양한 경험과 결과물에 기반을 둔 정보의 활용과 분석과정, 그리고 최후의 결과물이 결정된 이유와 근거 등에 대한 기록이 남기 어렵다. 따라서 포겐폴은 디자인 방법과 기록에 의한 정확한 지식의 축적과 축적된 시행착오와 경험적 진술 없이는 디자인의 발전이나 새로운 도전은 어렵다는 점을 지적하였다.

또한, 디자인 문제에 결부된 다양한 지식과 정보를 적극적으로 활용하기 위해서, 그리고 소통에 의한 창의적 개념을 발전시키려면 팀 작업에 대한 훈련과 경험이 필수적이다. 팀 작업에 있어서 동일한 배경이 아닌 다양한 배경의 구성원은 디자인을 더 유용하고 성숙되게 만들 수 있기 때문에 디자이너의 한계를 극복하는 방법으로 통합적 디자인 방법이 필요한 것이다. 하나로 통합된 디자인 결과물에 담긴 다양한 지식과 정보는 디자인에 특별한 의미와 가치, 그리고 디자인을 합목적으로 만들기 때문이다. 디자인 결과물이 사용자에게 미치는 영향은 외관의 아름다움이 주는 감동이 전부가 아니며, 사용하는 과정에서의 편리함이나 즐거움 또한 간과할 수 없는 디자인의 근본 목적이기 때문이다.

이처럼 디자인의 가치를 높이기 위해서는 보다 다양한 분야와의 교류를 통해 폭넓은 지식과 시야를 가지고 있어야 함에도 불구하고, 우리의 디자인 교육은 미술대학을 중심으로 하는 창의성과 조형적 심미성에 초점을 맞추어 이루어져 왔다. 이러한 교육의 방법이 많은 성과를 이룬 것도 사실이지만, 한계도 존재하고 있다. 디자인 과정에는 많은 정보를 종합 분석하여 최적의 해결안을 모색하는 프로세스가 개입되었지만, 정보의 대부분은 형태에 관한 것이 주류를 이루었고, 인문, 사회, 공학, 인간환경, 시장경제에 관련된 정보들을 수집하였지만 적절하게 해석하지 못하여, 디자인 작업에 큰 도움을 주지 못하는 경우가 일반적이었다. 디자인이 다른 전문 분야와 협동작업을 하기 위해서는 커뮤니케이션을 가능하게 하는 이론이 있어야 하고, 정보를 공유할 수 있는 접근방법이 있어야 한다. 디

통합디자인의 변화와 현재

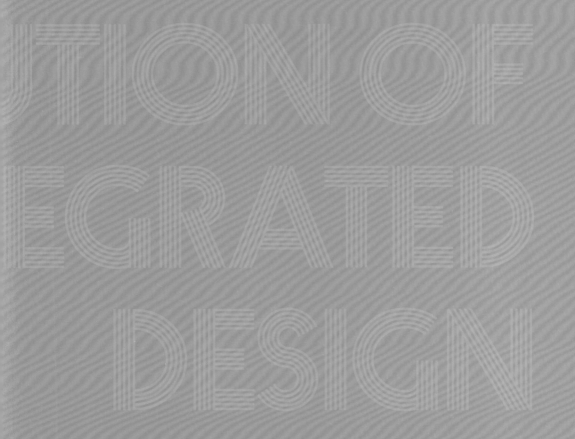

통합디자인의 변화와 현재

Evolution of
Integrated Design

디자인 개념에 대한 정의를 이야기할 때, 우리는 사전적 의미로 무엇인가를 계획하고 이를 실현하는 활동으로 설명해 왔다. 무엇인가를 만들어내는 전문 지식Know-How으로 이해해 왔다. 하지만 디자인 개념의 형성 과정을 살펴보면, 디자인에서의 통합적 접근이 왜 필요한가를 다시 한 번 생각해 볼 수 있다. 디자인은 산업혁명을 기점으로 이전에 존재하였던 여러 영역들이 서로 융합되면서 새롭게 형성된 개념이기 때문이다. 그리고 이 개념을 이해하는 것은 디자인이 나아가야 할 방향을 설정하는 출발점이다.

융합의 결정체,
디자인

디자인 개념은 산업혁명과 함께 영국에서 태동되었다. 디자인은 산업화의 과정에서 탄생한 새로운 개념이며, 이는 기존에 없던 새로운 시대정신과 양식을 만들어 내는 과정에서 탄생하였다. 세계 최초의 디자인 학교인 영국왕립미술대학Royal College of Art을 설립하고 근대 디자인에 많은 영향을 준 사람의 하나가 바로 앨버트^{Albert}공이다. 앨버트 공의 도움으로 영국의 전성기를 만들어낸 빅토리아 여왕은, 거의 공적을 기리는 왕립 앨버트 기념관^{Royal Albert Hall}을 설립하면서 그의 업적을 다음과 같이 기록하였다.

> *"이 기념관은 예술과 과학, 그리고 노동·관리 개념을 합쳐 새로운 진보를 만들어 낸 앨버트 공을 위해 세워졌습니다.*
> *This hall was erected for the advancement of the arts and sciences and works of industry of all nations in fulfillment of the intention of Albert Prince Consort"*

이 공적비문에 새겨진 문구가 시사하는 바는 매우 큰데, 디자인이라는 개념은 예술^{arts}과, 과학^{sciences}, 그리고 노동·관리^{work}라는 개념이 융합되어 태동하였다는 것을 의미하기 때문이다. 그리고 이 디자인은 새로운 시대의 양식을 만들어 나가는 데에 큰 역할을 하게 되고 사람들의 생활 문화 전반에 많은 변화를 가지고 오게 된다. 이것이 의미하는 바는 디자인이 사람들의 생활과 생태 환경에 영향을 주는 다양한 전문분야를 만들어 인간의 삶을 보다 풍요롭게 가치 있게 만드는 융합적 성격을 가지는 새로운 분야라는 것이다. 따라서, 세 가지 전문분야가 융합된 결정체인 디자인은 점차 자신의 영역을 확보하게 되면서 시대적 요구를 반영하는 강력한 수단으로 적극적으로 활용되기 시작하였다. 그리고 이 디자인을 통해 만들어진 많은 결과물들은 사람들에게 앞으로 미래에 대한 많은 가능성에 대한 꿈을 심어주게 되었다. 이러한 디자인 결과물이 주는 강력한 힘과 산업혁명이 가지는 내재적 특성으로 인하여, 디자인은 점차 결과물의 미적인 가능성이 보다 크게 주목을 받기 시작하였다. 즉, 디자인은 산업혁명 이후 대량생산이 가능한 공예 예술과 기술의 관점이 중요하게 부각되어 대중에게 이해가 되기 시작하였으며, 산업의 관점에서 부가가치를 높이는 수단으로 적극 활용되었다. 따라서 디자인에 내재된 예술, 과학, 노동·관리의 개념에서 대량생산이 가능한 예술의 관점이 강조되면서 생산 결과물

중심으로 대중에게 이해되기 시작하였다. 이러한 흐름 속에서 초기 디자인의 개념은 산업 생산물의 수준에 매우 중요한 기술로 인식되었고, 생산 결과물 또한 매우 중요하게 다루어지게 되었다. 따라서 디자인의 분류도 자연스럽게 산업 중심의 분류, 즉 생산된 산업 결과물 중심으로 이해되고 사회적으로 통용되었다. 즉, 산업 생산의 결과물인 산업제품, 패션, 시각디자인이 디자인을 분류하는 영역으로 이해되었고, 각 영역의 전문성을 높이는 방향으로 디자인의 연구와 교육이 이루어졌다. 이러한 디자인의 가치는 산업적 요구에 의하여 생산 중심의 미적 기술이라는 굴레에서 자유롭지 않은 측면이 존재하며, 따라서 여전히 많은 디자인의 개념은 도제적 기술과 예술 교육이라는 전문 지식Know-How으로 이해되어 왔다. 하지만, 대량 생산된 제품들이 우리의 삶의 모습을 바꾸어 나가면서 디자인을 통해 형성되는 사회, 문화적 의미에 대한 관심이 높아지게 되었다. 특히, 산업시대에서 정보화시대로 시대가 변화하면서 개별 디자인의 결과물과 함께 일련의 디자인들이 만들어 내는 가치value에 주목하기 시작하였다. 즉, 전체적 아이덴티티identity, 그리고 경험user-experience과 같은 인간의 삶과 문화에 기반을 둔 인간 삶의 가치를 만들어 내는 중요한 채널, 혹은 접점으로 디자인을 보다 사회, 문화 시스템적인 통합적 관점으로 이해하는 것이 중요하다고 인식되기 시작하였다. 이러한 통합적 관점을 위해서는 그동안 디자인된 결과물이 가지는 미적, 그리고 결과 중심의 경제적 가치에 초점을 맞추어 디자인을 바라보는 시각에서 벗어나 확장된 관점을 가져야 한다. 디자인은 결과물 자체, 즉 명사로서만 보는 것이 아니라, 가치가 형성되는 과정, 즉 동사로서의 의미도 생각해 보아야 한다. 디자인된 결과물이 우리의 삶 속에서 어떻게 의미를 형성해서 가치를 획득하고, 삶과 나아가 문화를 형성해 나아가는지에 대한 고려가 디자인의 잠재적 가치와 가능성을 탐색하는 데 있어 중요하다는 것이다. 현대 물질문명의 위기를 이야기한 위르겐 하버마스Jurgen Hebermas는 전문 지식Know-How의 지나친 강조를 현대 위기의 원인의 하나로 진단하고 있다. 그는 이성은 본래 하나였으나, 이성이 전문 지식을 의미하는 '정합적 이성'과 '비판적 이성'으로 분화되고, 정합적 이성만을 강조하는 현대사회의 풍토가 결국 물질문명의 위기를 초래한 것으로 설명하였다. 그는 이러한 위기 극복을 위하여 정합적 이성과 비판적 이성의 통합을 강조하였다. 이를 디자인 분야에 적용하여 생각해 보면, 디자인에 있어서도 전문 지식의 관점과 함께 왜 이 디자인을 하여야 하는가에 대한 문제를 같이 생각하는 사고의 통합이 중요하다는 것을 시사하고 있다. 즉, 무엇what을, 어떻게how 하는가의 문제와 함께, 왜why 해야 하는가를 통합적으로 사고하여야 함을 뜻하는 것이다.

디자인 개념을 형성한 3가지 축, 즉 예술, 과학, 노동·관리의 균형을 바로 잡고, 디자인의 가치를 보다 통합적으로 이해하여 앞으로의 미래사회에서 디자인을 올바르게 자리 매김하기 위해서는 아래 두 가지가 매우 중요하다고 할 수 있다.

첫 번째로 앞서 동사로서의 디자인 개념으로 이야기하였듯이 디자인 결과물과 함께 디자인 과정은 그 의미를 형성하는 과정에 대한 체계화이다. 하지만 아쉽게도 디자이너의 사고과정에 대한 이론적 설명은 디자인 인접 분야에서 더 활발하게 연구가 이루어지고 있는 것 같다. 디자인 사고과정에 대한 가치를 간파하여 '디자인 사고design thinking'의 정의와 이것의 가치에 대한 이야기는 경영과 공학 분야에서 이루어졌다. 경영학자인 로저 마틴Roger Martin 교수는 세상 속에 존재하는 불확실성 속에서 의미를 발굴하는 사고의 과정을 디자인 사고로 설명하고 있다. 디자인 사고의 중요성을 이야기하는 또 다른 사람은, 비즈니스위크Businessweek가 10년 동안 가장 혁신적인 회사로 선정한 IDEO의 최고 경영자인 팀 브라운Tim Brown인데 그는 공학자 출신이다. 그는 확산적divergent 사고와 수렴적convergent 사고의 통합적 과정으로 디자인 사고를 이야기하고 있다. 이것이 시사하는 바는 디자이너들 스스로가 디자인이 가지는 잠재적 가치를 간파하고 여전히 이전의 틀 안에서 디자인을 좁게 생각한 것은 아닌지 스스로 반성하는 시간을 가져야 한다는 것이다. 디자인 사고는 사용자와 인간 중심의 통합적 사고를 통해 디자인의 영역을 경험디자인, 서비스디자인, 사회혁신 지속가능 디자인과 같이 사회, 문화적 파급 효과가 있는 다양한 분야로 확장시키고, 디자인에 대한 사회적 인식을 바꿀 수 있는 가장 강력한 접근방법이 될 수 있다. 즉, 디자인은 단순히 잘 팔리는 아름다운 물건을 만들어 내는 전문지식이 아닌 보다 창의적으로 세상을 바라보고 인류의 다양한 문제를 적극적으로 해결할 수 있는 하나의 지식체계와 방법으로 인식되고 있는 것이다. 즉, 디자이너의 문제에 접근하는 태도와 사고과정의 이해는 매우 의미가 있으며, 이는 디자인의 개념과 영역 확장의 타당성과 필요성을 설명하는 강력한 논리로 활용도 가능할 것이다.

두 번째로 앞으로의 사회에서 디자인이 타 영역의 중재적 역할을 통해 협업을 이끌어 낼 수 있는 있는 통합의 핵심으로 자리 잡기 위해서는 하나의 학문으로 디자인을 정립할 필요가 있다. 즉, 디자인이라는 현상을 논리적·방법적 체계로 설명할 수 있어야 공학, 사회학, 경영학 등 다른 분야와의 통합이 가능해진다. 이러한 측면에서 디자인의 결과가 아닌 과정, 그리고 그 결과물이 가지는 사회문화적 의미를 체계화하는 것은 그 의미가 크다고 할 수 있다.

정보화시대에 디자이너의 역할도 보다 통합적으로 확대되고 다양화되고 있다. 인류의 다양한 문제들을 창의적이고 혁신적으로 해결하기 위해 다학제적 접근을 통한 타 분야와의 협업을 필요로 하고 있다. 이러한 협업을 위한 태도, 디자인 사고체계와 작업과정에 대한 지식적 체계를 갖추는 것은 매우 중요하며, 이는 디자인의 원리와 체계를 보다 올바르게 이해하고, 이를 타 학문 분야와의 이론적·실제적 접목을 통해 사람들에게 의미와 가치를 제공하는 진정한 출발점이 되는 것이다.

하지만 디자인을 사물의 관점에서만 바라보면 디자인은 사물이 가지는 미적·기능적 문제들을 이해하고 이를 개선하는 것에 국한이 되며, 디자이너의 능력도 문제해결의 능력에만 초점이 맞춰지게 된다. 하지만 디자인은 보다 인간의 삶에 대한 근본적 질문에 대한 답을 해야 한다. 왜냐하면 디자인은 삶의 의미와 가치를 형성하는 분야이기 때문이다. 디자인이 사람들에게 새로운 미래가치를 제공하기 위해서는 사람들의 삶의 과정을 이해하는 것이 필요하며, 이러한 삶의 과정을 이해하여야 새로운 개념의 디자인과 미래비전을 만들어 낼 수 있다. 그리고 이것이 통합디자인의 진정한 역할이기도 하다.

통합디자인의
범주

통합적 디자인은 디자인 문제 혹은 이슈에 대한 단기적·미시적 혹은 지엽적인 처방이 아닌 디자인 문제 전체를 살펴보는 보다 종합적이고 거시적 관점에서 디자인을 접근하는 것이다. 단순한 문제의 이해를 통한 문제해결이 아닌, 왜 이러한 디자인이 존재하여야 하는가에 대한 진지한 고민이 필요한 것이다. 그리고 디자인을 통해 인간 생활에 의미 있는 가치를 제공하기 위해서는 경험과 시스템을 이해하고 보다 체계적으로 접근하는 자세도 필요하다.

다음의 그림은 디자인 활동의 범주를 통합적으로 보여 주고 있다. 디자인의 활동 범주를 종합적으로 살펴보면 디자인의 대상은 하나의 사물^{artifact}에 국한될 수 없다. 하지만 디자인은 기업이나 공공조직 내의 관점에서나 혹은 사람들의 관점에서 보았을 때 그 중심에 있다는 것은 자명하다. 즉, 위의 그림에서 기업이나 공공조직의 관점에서 보면, 각 조직의 전략에 따라 이를 실제 수행하기 위한 조직과 서비스, 시스템이 있으며 이를 기반으로 디자인된 결과물, 유무형의 사물이 탄생된다. 즉, 사물은 조직의 철학이 구체적으로 발현된 디자인 결과물인 것이다.

오른쪽의 인간 중심의 관점에서 보면 발현된 사물은 사람과의 소통과 상호작용을 통해 사용되며, 사용경험을 형성하고, 이를 자신의 삶의 일부

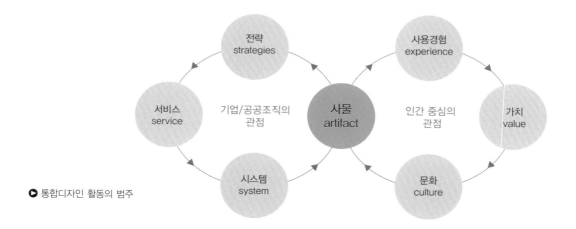

▶ 통합디자인 활동의 범주

로 받아들이면서 가치가 생성된다. 그리고 가치가 사회적으로 확산되면서 새로운 생활문화가 탄생한다. 이러한 인간의 삶 속에 내재화되는 과정을 이해하고 평가하는 것은 새로운 디자인을 제안하고 개발하는 출발점이 된다. 즉, 우리는 디자인이라는 것을 하나의 결과가 아닌 그림에서 보는 바와 같이 전체적인 관점에서 순환되는 하나의 과정으로 통합적으로 이해하는 것이 필요하다. 따라서 통합디자인 프로젝트의 시작은 인간과 사물, 그리고 환경 사이의 관계를 이해하고 디자인이 왜 존재하는 것인가에 대한 근본적인 성찰에서 시작되어야 한다. 즉, 개별 사물보다는 사물과 인간의 관계를 통한 경험 가치, 또한 이러한 경험 가치를 가능하게 하는 서비스와 시스템, 그리고 더 나아가 전략을 통합적으로 고려하는 시각을 가지는 것이며, 이러한 통합적 관점은 디자인의 근본적 경쟁력을 향상시키기 위해 매우 중요한 관점 혹은 태도라고 말할 수 있다. 통합디자인 프로젝트의 주제를 선정하는 데 있어 개별 사물의 문제점을 분석하여 개선하는 방향으로 접근하기보다는 가치적·거시적 주제 접근이 필요하며, 이는 전체 시스템과 개별 사물 간의 연계성을 이해하고, 디자인 작업의 시야를 넓히는 데 큰 도움이 된다. 즉, 통합디자인은 제품, 패션, 시각의 전문 영역과 결과물 중심의 접근에서 인간의 행복, 인간의 행태, 자연의 순환과 같은 주제적 접근을 요구하며, 이를 바탕으로 디자인 영역의 확장과 이를 통해 새로운 시각에서의 창의적 콘셉트 제안이 가능해진다.

연세대학교 전공과목인 통합디자인스튜디오 프로젝트였던 '습관실험실'은 하나의 좋은 예라고 볼 수 있다. 이 프로젝트는 평소 사람들이 가지는 의식적·무의식적 낭비 습관에서 디자인의 가능성을 발견하고자 하였다. 습관실험실이라는 이름도 사람들의 습관화된 행동을 인식하고 새로운 습관을 디자인을 통해 형성하고자 하였다. 즉, 디자인의 결과 자체보다는 디자인 결과를 통해 변해 가는 인간의 행태에 보다 초점을 맞추어 디자인을 전개한 것이다. 또 다른 예로는 졸업작품스튜디오 프로젝트였던 '에코파티플레이'가 있다. 이 프로젝트는 사람들의 사용경험 속의 시간성이라는 개념을 재해석하여, 버려지는 물품을 단순히 재활용하는 것이 아니라 새로운 의미로 재해석하였다. 목베개의 경우는 누군가 팔을 둘러 주는 기억을 되살린 개념의 목베개이며, 버려진 셔츠를 새롭게 조합한 반반셔츠는 새로운 패션의 가능성을 보여 주고 있다. 이와 같이 통합디자인은 인간의 행태를 보다 건전하고 의미 있게 유도하거나, 사용경험의 재해석을 통한 새로운 가치 창출과 같은 보다 거시적인 관점에서 접근되어야 한다.

이러한 통합디자인 프로젝트 진행을 위해서는 전체적heuristic, 체계적 systematic, 다학제적interdisciplinary 접근을 통한 협업, 그리고 이를 가능하게 하는 환경 구성이 중요하다.

◀ 목베개
ⓒ 양민영

디자인 사고와
창의성

앞서 이야기하였듯이 디자인의 통합적 접근과 함께 이야기가 많이 되는 것이 바로 디자인 사고이다. 디자인 사고는 감정과 직관, 영감, 그리고 합리와 분석의 영역에 있는 것을 통합하는 접근방식을 의미한다. 이것은 다른 영역의 사고방식과는 구분되는 혁신적 마인드 세트^{innovative mind set}로 종종 이야기된다. 디자인 사고는 보다 광범위한 문제를 해결하는 데 활용되고 이를 뒷받침하는 역할을 한다고 볼 수 있다. 디자인 사고는 직관적인 능력, 일정한 패턴을 인식할 수 있는 능력, 감성적인 의미를 전달할 뿐 아니라 기능적인 아이디어를 생각할 수 있는 능력이다. 나아가 인간의 언어나 기호가 아닌 다른 매개체를 통해 우리 자신을 표현할 수 있는 능력이다.

　디자인 사고의 인지적 특성을 피어스^{Pierce}는 귀추논리^{abductive reasoning} 개념으로 설명하고 있다. 이는 귀납적^{inductive}이거나 연역적^{deductive} 사고와는 구분되는 통합적 사고로 설명할 수 있는 개념으로 사람들이 새로운 아이디어를 얻는 방식에 주목하고 있는 것이다. 그는 새로운 아이디어는 '생각의 논리적인 도약'을 통해 발생한다고 말하고 있다. 즉, 새로운 아이디어는 사고자가 기존의 모델이나 규칙에 맞지 않는 데이터를 관찰하게 되는 경우에 발생하며, 사고자는 관찰한 것을 이해하기 위해 가장 적합한 설명방법으로 추론하면서 새로운 창의적 생각이 발생한다.

　로저 마틴^{Roger Martin}은 분석적 사고^{Analytical Thinking}와 직관적 사고^{Intuitive Thinking}가 50대 50으로 통합된 사고 능력을 디자인 사고로 정의하였다. 그리고 팀 브라운^{Tim Brown}은 디자인 사고를 확산적·수렴적 사고의 과정으로 설명하였다. 이러한 통합적 사고가 점점 더 중요하게 생각되고 있는 것은 불확실성 시대에 새로운 방향성 탐색이 필요하기 때문이다. 특히, 사회가 점점 복잡해지면서 전체를 볼 수 있는 통합적 사고와 접근방법은 시대를 이해하는 중요한 태도로 이해할 수 있다. 이러한 태도를 요구하는 것은 통합적 사고, 즉 디자인 사고이며, 이는 창의적 사고의 근간이 되기 때문이다. 즉, 창의성은 통합적 사고를 통해 길러질 수 있는 능력이며, 최근 창의성에 대한 연구를 살펴보면 그 해답을 찾을 수 있다. 창의성은 타고 나는 선천적 재능도 있겠지만, 문제를 얼마나 정확히 인지하고 이를 자신의 상황에 맞게 재구성하는 능력으로, 노력에 따라 훈련되고 계발하는 것이 얼마든지 가능하다.

> "창의성이란 연결할 수 있는 많은 요소를 가지는 것에서 출발한다." (스티브 잡스 *Steve Jobs*)
> "디자인은 존재하는 요소들을 유익한 방향으로 연결시키는 과정이다." (켄트 백 *Kent Beck*)
> "창의성의 시작은 문제를 정확히 '인지'하는 것이며, 거기에서 부터 새로운 아이디어는 물론 신속한 문제해결, 바른 판단과 결정이 나온다." (에드워드 드 보노 *Edward de Bono*)

창의성에 대한 가장 큰 오해는 창의성은 개인의 타고난 재능이나, 혹은 영감으로부터 나온다는 개개인의 창의적 특성이나 능력의 문제라는 것으로 이해되어 왔다는 것이다. 따라서 초기 창의성에 대한 연구는 창의적인 사람은 어떤 특성을 가지고 있는가 하는 개인의 성격이나 성향에 초점이 맞추어 연구되었다[Barron, 1968; MacKinnon, 1965].

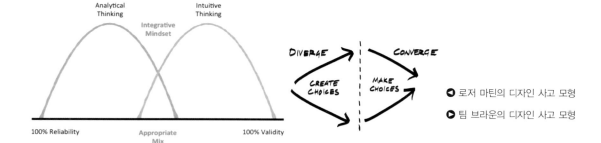

● 로저 마틴의 디자인 사고 모형
● 팀 브라운의 디자인 사고 모형

창의적 사고의 중요성은 교육심리학자 토렌스[Torrance]가 쓴 《생환에 필수적인 도구》라는 책에 설명되고 있다. 제2차 세계대전에서 추락한 조종사 중 생환한 사람은 창의성이 있는 사람이며, 상황에 맞는 적응과 문제해결 능력이 중요하다는 것을 보여 주고 있다. 즉, 불확실한 상황에서 살아남기 위해서는 지금까지의 경험을 기초로 하여 창의적 문제해결능력이 중요하다는 것을 보여 준 것이다.

사실 창의성은 다양한 관점으로 이야기되고 있는데, 창의성은 결과물보다는 과정에서 발생하며, 우리가 흔히 이야기하는 새로운 아이디어가 떠오르는 '유레카'의 순간은 그동안 축적되어 온 지식과 경험이 어느 순간 화학적 반응을 일으키면서 융합되는 과정으로 설명하고 있다. 즉, 창의적이 되기 위해서는 다양한 경험과 지식이 중요하며, 다양한 관점으로 경험과 지식을 끊임없이 다시 분해하고 결합하는 정신적 사고과정을 거친다는 것을 알 수 있다. 최근 연구를 통해 창의성은 의식적이고, 합리적인 지적 사고의 과정이며, 또한 영감이나 통찰을 얻는다는 것은 논리적 사고의 산물이라는 것으로 밝혀지고 있다.

창의성은 타고나는 재능이라기보다는 개인의 노력에 의해 계발이 가능한 하나의 특성으로 이해할 수 있다. 스턴버그[Sternberg, 1985]는 창의성에 영향을 주는 핵심 요인을 지능, 지식, 성격, 환경, 동기, 사고유형의 6가지로 정의한다. 정의된 요인을 살펴봐도 알 수 있듯이, 지능이나 지식이 매우 중요한 요소이며, 창의적 사고의 핵심은 문제의 어떤 상황[context]에서 어떤 관점[perspective]으로 보는가에 따라 해결방법이 달라질 수 있다. 따라서 여러 가지 생각을 하려는 노력이 중요하며, 다양한 경험과 지적인 과정이 수반되는 것이 창의성의 본질인 것이며, 이는 디자인 사고의 과정과 유사하다.

최근 창의성에 의한 통합적 접근의 연구들에서 창의적 행동수준의 빈도에 영향을 미치는 요인으로 사회문화 맥락[사회환경]을 들고 있다. 로데스[Rhodes, 1987], 칙센미하이[Csikszenmihalyi, 1988], 아마빌레[Amabile, 1988] 등은 창의성을 개인과 환경 간의 대면[interfacing] 과정에서 생기는 상호작용에 영향을 받는다고 주장하고 있다.

루드위그^{Ludwig, 1955}는 창의성을 사람들에게 잠재된 영적인 것, 혹은 사회적 영향 특성과 관계되어 있다고 정의한다. 또한, 사이먼턴^{Simonton, 2000}은 역사와 사회문화적 영향력이 창의성의 표현에 영향을 주는가에 대한 문제제기를 하고 있다. 창의성에 영향을 주는 주요한 요인이 단순한 개인의 성격이나 특성이 아닌, 이러한 행동을 유도하는 특정한 사회문화적 환경이 중요하며, 이것이 창의성을 자극하고 영향을 줄 수 있다는 것이다.

칙센미하이의 체계모델^{system model}은 창의성은 머릿속에서 발현되는 것이 아니라, 생각과 사회문화적 상황과의 상호작용에서 발생하며 사람^{Person}, 영역^{Domain}, 현장^{Field}의 세 부분으로 구성된 체계의 상호작용에서 발견될 수 있음을 제시하고 있다.

---

* **사람:** 어떤 한 영역에서 정보를 가져오고, 그것을 인지과정, 성격특성, 동기를 통해 변형 확장한다.
* **영역:** 한 영역을 통제하거나 영향을 미칠 수 있는 사람들(예술비평가나 디자인에서는 의뢰인 등)로 구성되며, 이들은 새로운 아이디어를 평가하고 선택하는 역할을 한다.
* **현장:** 창의적인 결과를 다른 개인들과 미래 세대에 전달하는 역할을 하는 문화의 현장이며, 현장은 긍정적인 영감의 자원이 된다.

아마빌레는 창의성 발현을 위한 3가지 변인을 내적 동기^{motivation}, 영역 관련 기술^{domain relevant skills}, 그리고 창의성 관련 기술^{creativity relevant skills}의 결과로 보았다.

---

* **내적동기:** 과제에 대한 동기, 즐거움과 열정으로 동기화된 사람들은 돈, 칭찬 혹은 점수로 동기화된 사람들보다 더 창의적인 경향이 있다.
* **영역 관련 기술:** 지식, 전문화된 기술, 그리고 특수 재능이 포함된다.
* **창의성 관련 기술:** 창의성과 관련된 성격 요소들이다. 자기 훈육^{self-discipline}과 도전하려는 태도도 여기에 포함된다.

　이런 사회적 관점의 창의성 연구에 있어서 다학제적·시스템적·생태학적ecological, 그리고 문화에 민감한cultural-sensitive 접근방법이 중요하다는 것을 입증해 주고 있다. 이러한 사회적 상황 설정을 위해 협업은 매우 중요한 통합을 위한 접근 전략이 될 수 있다.

　또한, 아이디어를 창의적으로 발전시키기 위해서는 하나의 문제와 문제에 대한 디자인 해결안을 다양한 관점으로 바라보는 것이 매우 중요한데, 이를 위해서 IIT의 케이이치 사토Keiichi Sato는 다관점분석법이 중요함을 강조하였다. 평소 사용자에 대한 관찰을 하는 것으로 유명한 나오토 후카사와Naoto Fukasawa도 다양한 사용자에 대한 자료수집을 통해 많은 정보와 지식을 습득하는 것으로 유명하다. 그리고 디자인 작업에 임하는 경우, 이러한 경험들을 기반으로 아이디어를 전개하는 것으로 알려져 있다. 즉, 문제를 이해하는 과정에서 하나의 현상의 다양한 관점으로 분석하고 해석하는 능력은 창의적 디자인 결과물을 만들어 내기 위해 매우 중요한 태도라고 할 수 있다. 또한, 분석한 문제에 대한 디자인 콘셉트의 제안에 있어서도, 하나의 콘셉트를 다양한 관점으로 평가하는 것은 매우 중요하다.

협업

창의성의 계발을 위해서는 사회, 문화적 영향력이 중요하여 이러한 창의적 환경 설정을 위해 협업은 매우 중요한 통합적 사고를 위한 접근 전략이 될 수 있다. 협업collaboration은 사전적으로는 서로 다른 조직과 구성원들이 동일한 결과물을 만들기 위해 전략적이며 일시적으로 동맹의 관계를 맺는 현상을 의미하며, 융합 및 산업 영역의 확장, 다학제 지식의 중요성, 다원화된 관점의 필요, 브랜드의 마켓 확장 필요성 등 다양한 이유 때문에 협업의 중요성은 날로 커지고 있다.

　협업은 크게 조직이나 기업, 산업, 국가 간의 협업에서부터 작게는 개인, 조직이나 기업 내 업무내용 및 프로세스에 따른 협업으로, 그 범위는 둘 이상의 기업 간, 브랜드 간 협업의 형태인 외적 협업inter-collaboration과 기업 및 브랜드 내 업무 프로세스에 따른 마케팅, 기획, 생산, 유통과 같은 담당 부서 간 내적 협업intra-collaboration으로 나뉜다. 즉, 외적 협업은 산업의 유형 및 관련 업계와의 수평적인 관계에 의한 협업이라는 특성이 있다면 내적 협업은 한 기업 및 브랜드 내의 수직적 프로세스들의 통합적 기획 및 관리를 통한 수직적 협업이라는 면에서 차이가 있다.

외적 협업은 브랜드 및 기업 간에 일어나는 마케팅 분야의 전략적 협업의 범주로, 이 경우 협업은 공동의 결과물을 통해 각 브랜드와 기업이 현재의 타깃이 되는 시장과 소비자 범위를 확장하며, 브랜드의 리뉴얼 효과를 얻고, 브랜드 자산을 강화하기 위해 일시적으로 사용되는 방법이다. 외적 협업은 브랜드 및 기업 등 이해 당사자 간의 충분한 목적 및 내용 정보의 교류가 전제되어야 하며, 결과물 등 공동 목적에 대한 공유가 충분할 경우 가능한 형태이다. 외적 협업의 경우 디자인 팀은 두 브랜드 및 기업 간 이해관계를 중재하며, 쌍방 간의 아이덴티티를 유지하는 결과물의 기획과 도출을 전담하게 된다.

이와 달리 내적 협업은 일관된, 전략적 디자인 경영의 일환으로 브랜드,

• 브랜드 및 기업 간 전략적, 일시적인 협업
• 마켓, 타깃 소비자의 확대, 브랜드 리뉴얼, 브랜드 자산 강화 효과

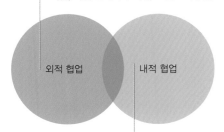

외적 협업　　내적 협업

• 다양한 부서 간 기능을 통합적 디자인 경영 전략에 맞춤
• 통합적 프로세스를 통한 창의적 디자인 결과물을 도출　　● 외적 협업과 내적 협업의 특성

기업 내 각 부서 간의 유기적 움직임을 통합적으로 관리하는 방법을 지칭한다. 내적 협업은 전략기획팀, 마케팅팀, 디자인팀, 생산팀, 물류팀, 광고 및 홍보팀 등 다양한 부서 간의 기능을 통합적 디자인 경영 전략에 맞추어 조율하고 일관된 전략을 유지할 수 있도록 통합적 프로세스를 관리하는 것이다. 브랜드 및 기업 내의 통합적 디자인 프로세스인 내적 협업은 각 프로세스의 특성과 지식, 인적 자원의 시너지 효과를 통해 구성원에게 다양한 관점을 제공하고, 창의적 디자인 결과물의 도출을 통해 브랜드 및 기업 디자인의 폭과 한계를 넓힐 수 있는 장점이 있다.

외적 협업의 사례　　　외적 협업은 협업의 대상들이 기술, 디자인, 시장에서의 차별적 아이덴티티 등을 공유함으로써 기존의 브랜드, 기업의 디자인 아이덴티티와 브랜드 자산, 기술력의 확대 등을 목적으로 한다. 외적 협업에서는 협업 주체의 마켓에서의 브랜드 특성, 디자인 특성, 대상 소비자 분석 등을 바탕으로 목적에 따른 적절한 협업의 대상 선정과 협업을 통한 결과물의 형태, 구현의 방법 등에 대한 전략을 세워 진행된다.

외적 협업의 주체는 크리에이터로서 디자인 아이덴티티가 명확한 개인, 브랜드 혹은 기업이 될 수 있다. 협업을 하는 브랜드 혹은 기업은 산업 영역의 유사성에 따라 동종산업 혹은 유사산업, 이종산업으로 분류될 수 있는데, 산업유형은 협업의 목적에서 많은 차이를 나타낸다. 각 주체들이 결합하는 방법과 산업 영역의 유사성에 따른 협업의 유형은 다음과 같이 분류될 수 있다.

첫째, 개인과 개인의 관계로 디자이너와 다른 산업의 전문가와의 개별적 협업의 형태이다. 예를 들어 후세인 샬라얀Hussein Chalayan은 예술과 기술을 접목하는 엔지니어인 모리츠 발데마이어Moritz Waldemeyer와의 협업을 통해 동력과 레이저를 이용한 패션이라는 새로운 장르를 개척하였다. 후세인 샬라얀은 소프트웨어 프로그래밍과 구조 설계 등의 협업을 통해 기존

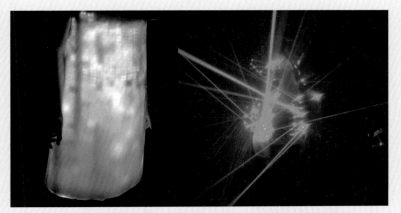

◀ 패션 디자이너 후세인
샬라얀과 엔지니어 모리츠
발데마이어가 협업한
LED 드레스와 레이저 드레스
좌 ⓒⓘ Internets_dairy
우 ⓒⓘ Renaissancechambara

◀ 동일산업 영역 내
크리에이터와 기업 간 협업,
소니라 리키엘과 H&M
ⓒⓘⓞ Ian Muttoo

◀ 다른 산업 영역의
크리에이터와 기업 간 협업,
프라다와 LG
좌 ⓒⓘ LGEPR
우 ⓒⓘ CHRISTOPHER
MACSURAK

의 디자인 결과물의 영역과 범위를 확장할 수 있었다.

둘째, 크리에이터인 개인과 브랜드 간의 협업으로 크리에이터인 개인은 대중적 시장, 소비자를 확보하게 되며, 브랜드는 크리에이터의 독창적이며 차별적인 디자인 아이덴티티를 통해 마켓 내에서의 차별적 이미지를 부여하고, 기존의 제품과 서비스 마켓을 확대할 수 있다. 예를 들어 패스트 패션브랜드 H&M은 패스트 패션 시장에서의 차별화와 브랜드 파워를 위해 2004년 이후 칼 라거펠트[Karl Lagerfeld], 레이 가와쿠보[Kawakubo Rei], 소니아 리키엘[Sonia Rykiel], 랑방[Lanvin] 등 하이패션 디자이너와의 협업을 지속적으로 하고 있다. 크리에이터의 독창적 디자인 아이덴티티를 H&M이 가진 패스트 패션의 약점을 보완하는 데 활용하고 있는 것이다. 이 경우 브랜드와 크리에이터는 패션이라는 같은 범주에 속하는 공통점을 가지고 있다.

또 다른 예는 조르지오 아르마니[Giorgio Armani]와 벤츠[Benz], 조르지오 아르마니와 삼성전자 모바일과의 협업을 예로 들 수 있다. 아르마니는 패션 크리에이터로서의 독창적 디자인 아이덴티티를 가진 디자이너이며, 협업의 대상인 벤츠와 삼성전자 애니콜 역시 해당 영역에서의 독보적 위치를 가진 브랜드였다. 이들은 아르마니가 가진 디자인 아이덴티티와 타깃 소비자군이 있는 럭셔리 마켓을 자동차, 모바일 시장과 연계하는 목적으로 협업을 진행하였다. 이러한 경우 디자이너와 브랜드 간의 협업은 산업의 범주는 유사하지 않으나, 타깃이 되는 소비자의 라이프스타일을 공유함으로써 브랜드 파워를 높이는 효과를 내고 있는 것이다.

셋째, 협업의 유형은 브랜드와 브랜드 간의 협업으로 브랜드가 가진 아이덴티티와 상품의 범위를 상호 확장하는 방법이다. 브랜드 간의 협업을 통한 결과물은 브랜드 자체의 산업적 확장 없이 산업적 영역 확장의 효과를 주며, 상호 브랜드 이미지를 강화시키고, 소비자군을 공유할 수 있는 장점이 있다. 이러한 협업은 장기적으로 이루어지는 협업보다는 마케팅을 목적으로 일시적으로 진행되는 성향이 강하다. 또 다른 사례로는 미니쿠퍼와 스포츠 브랜드인 푸마[Puma]와의 협업의 사례로, 미니쿠퍼의 경우 협업을 통해 미니의 전문적인 스포츠카 이미지를 강화하고 자동차의 성능과 외형이 아닌 라이프스타일로서 확장되는 미니쿠퍼의 의미를 강조하고 있다. 이와 마찬가지로 푸마는 미니의 자동차 브랜드로서 갖는 차별적 아이덴티티를 이용하여 드라이빙 슈즈의 특성화된 제품라인을 강화하고 캐릭터가 강한 스포츠 브랜드로서의 이미지를 확고히 할 수 있었다.

넷째, 외적 협업은 이종산업 간의 협업뿐 아니라 산업계와 예술계, 문화계, 공학계 등 다양한 이종산업을 넘어 다양한 영역과의 협업이라는 형식을 가질 수 있다. 예를 들어 미술가와의 협업을 통해 조형적·심미적 차별화를 꾀하거나 스포츠팀과의 협업을 통해 스포츠마케팅 효과 및 새로운 상품 라인을 개발하는 등 다양한 시도를 할 수 있다.

예를 들어 가방 브랜드인 샘소나이트Samsonite는 2011년 UN이 지정한 세계 산림의 해를 맞아 소나무 작가로 알려진 배병우 사진작가와 함께 협업을 하였다. 배병우 작가의 사진작품을 제품의 전면에 입히는 방식으로 제작하였으며 판매 수익금은 아프리카 수단 톤즈 지역의 나무심기 프로젝트에 사용한다. 예술과의 협업은 디자인의 차별화 수단이 되기도 하지만 문

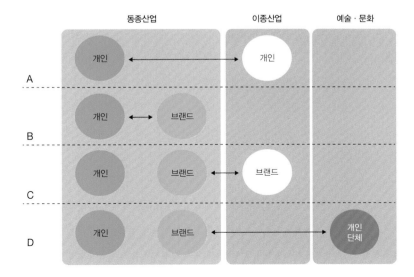

◀ 외적 협업의 4가지 유형

화마케팅을 통한 아이덴티티의 강화의 도구로 사용되기도 하는 것이다.

또한, 세계적인 신발 브랜드인 캠퍼^{Camper}는 2012년 세계적인 요트팀인 에미레이트팀과의 협업을 통해 뉴질랜드에서 열리는 볼보 오션 레이스를 위한 오션 레이스 컬렉션^{Ocean Race Collection} 라인을 만들었다. 오션 레이스 컬렉션은 실제 에미레이트팀과 디자인 개발, 생산, 제품 테스트 등을 거친 제품군들로 신발, 의류, 가방 등의 액세서리들이 여기에 속한다. 오션 레이스 컬렉션은 캠퍼의 제품 영역을 확장하였을 뿐 아니라 예술성과 조형성이라는 캠퍼 브랜드의 특성에 기능성과 스포츠라는 새로운 아이덴티티를 심어 주었다.

위의 4가지 유형의 외적 협업을 주체와 산업의 영역을 중심으로 나누어 살펴보자.

외적 협업은 마케팅적 측면에서 보면 디자인 및 제품의 차별화를 통한 경쟁력을 강화시킬 수 있으며, 협업을 통한 아이덴티티를 혁신하고 특정한 아이덴티티를 강화시키기도 한다. 또한, 이종산업과의 연계를 통해 기존 브랜드 및 기업이 가진 타깃과 마켓 외에 새로운 마켓을 창출, 확장하는 효과를 얻을 수 있다. 즉, 전략적인 마켓 창출의 도구로 활용되기도 한다. 외적 협업은 기존 브랜드가 가진 약점을 보완하는 도구로 사용되기도 한다. 예를 들어 뮤직 폰 세레나타^{Serenata}는 세계적인 오디오 브랜드인 뱅앤올룹슨^{B&O}의 기술과 세계적인 모바일 회사인 삼성의 협업을 통해 탄생한 디자인으로 각 브랜드에서 취약한 부분을 상호 보완함으로써 새로운 경쟁력을 갖추게 되는 것이다. 또한, 외적 협업은 사회문화적 이슈를 브랜드와 연계함으로써 주목을 끄는 전략적 도구가 되기도 하며 문화마케팅, 스포츠마케팅과 같은 마케팅 기법으로 사용되기도 한다.

내적 협업의 사례　내적 협업은 디자인 경영 전략의 하나로 기업 내 부서 간의 유기적 협력을 통하여, 기존 기업조직에서 하기 어려웠던 새로운 시도를 할 때 활용될 수 있는 방법이다. 특히,

급변하는 시대 속에서 조직이 미래의 새로운 방향성을 탐색할 때 유용한 방법이라고 이야기할 수 있다. 또한, 디자인 프로세스 관리에 있어서도 조직 내 다양한 부서 간 소통을 활성화시켜서 조직의 전략과 이에 맞는 조직체계를 유지할 수 있도록 한다. 즉, 통합적 관리를 가능하게 한다. 이는 조직의 효율적 관리의 측면과 함께 조직 내 전문 부서의 시야를 확장시키고 나아가 창의적 환경을 통해 새로운 혁신의 가능성을 높이는 효과를 가져 올 수 있다.

　예술에서의 창조와 혁신이 일어났던 르네상스시대[14-15세기]의 피렌체, 20세기 초의 파리, 20세기 후반의 뉴욕 특징은 특정 영역 내에서의 폭 좁은 선택과 집중에서 탈피하여 전혀 다른 다양한 영역 간의 경계를 넘어서는 탈영역화를 통한 통합을 시도했다는 점이며, 이는 새로운 시대정신을 만들어 내었다. 또한, 창조혁신 연구를 선도했던 오스트리아 경제학파에서는 대부분의 창조혁신은 전혀 존재하지 않던 것을 만들어 내는 것이 아니라, 기존에 존재하던 다양한 지식이나 아이디어를 경계를 넘어 새로운 방식으로 재결합하는 데서 나온다고 주장하였다. 이러한 역사적 교훈들은 내적 협업을 통해 기업이나 공공기관, 그리고 조직 내의 혁신 가능성을 보여주고 있다.

　기존의 많은 조직들의 부서들은 대부분 전문 지식을 바탕으로 구성되었으나 서로 소통의 기회가 많지 않은 것이 현실이며, 내적 협업의 필요성을 생각하지 못하는 경우가 많다. 따라서 내적 협업을 위해서는 무엇보다 명확한 비전을 수립하는 것이 매우 중요하다. 사실 많은 기업들이 새로운 혁신의 가능성이 있다는 이유로, 다른 조직 부서의 사람들을 모아 놓고 새로운 아이디어를 내보라고 한다. 하지만 대부분의 경우 실패를 하는데, 무엇보다 디자이너, 엔지니어, 마케터의 관점과 프로토콜이 매우 다르기 때문이다.

　모토로라의 중흥을 이끌었던 레이저[RAZR]폰의 경우 얇게, 그리고 미래적 이미지를 담아야 한다는 비전의 공유와 이를 가능하게 하는 디자이너, 엔

○ 모토로라의 레이저폰
ⓒ 모토로라

지니어, 그리고 업무 체계의 구성이 훌륭한 협업체계를 만들었고 레이저폰을 당시로서는 가장 성공한 휴대전화로 만들어 내었다. 즉, 기술적 한계를 정하고 이것을 어쩔 수 없이 디자인이 따르는 것이 아닌, 디자인을 통해 확실한 사용자 가치가 있는 이미지를 만들어 내고, 이 비전이 새로운 휴대전화의 가능성이라는 것을 공유하고 엔지니어들의 적극적 협조에 의해 레이저폰이 탄생할 수 있었다. 또한, 복잡한 의사결과과정을 단순하게 하여 필요한 부분의 의사결정을 빠르게 한 것도 성공의 요인이었다.

소니의 강아지 로봇인 아이보aibo 개발도 회사생활에 잘 적응을 하지 못하거나 문제를 일으키는 사원들을 모아 특별한 팀을 구성하여 성공한 프로젝트라고 할 수 있다. 물론 이 강아지 로봇이 죽지 않기 때문에 아이들 정서교육에 좋지 않다는 부정적 측면은 존재하지만, 아이보가 출시되었을 때 매우 획기적이라는 반응이 존재했던 것은 분명한 사실이다. 회사는 이들에게 자신들이 하고 싶은 것을 마음껏 해 보라는 비전을 주었고, 그들의 자유로움이 이러한 새로운 제품을 개발할 수 있었던 것이다.

이러한 비전의 공유를 통한 협업은 비단 개별 제품의 개발뿐만 아니라, 회사의 정체성 변화와도 연결되어 전개되고 있다. 국내 정수기 회사인 웅진코웨이의 경우 정수기 제조사에서 깨끗한 물을 제공하는 서비스 회사로의 변신을 시도하고 있다. 즉, 사람들이 원하는 깨끗한 물의 제공이라는 본연의 기업 비전을 실천하기 위해 제품의 판매가 아닌 서비스 판매로 회사의 정체성 변화를 시도하고 있다. 이를 위해서는 디자인, 생산, 마케팅의 협업과 회사의 체계도 이에 따라 변화가 필요하게 되었다.

직원들에게 비전을 제시하는 것에 대한 개념도 점차 장기적으로 바뀌어 나가고 있다. 국외의 경우 구글 본사, 혁신의 대학이라 불리는 IDEO의 사무실은 다양한 생각이 공유될 수 있는 물리적 환경을 제공하고 있다. 국내의 경

▶ 아이보
© 소니 코리아

우 네이버 NHN의 그린 팩토리도 좋은 사례라고 할 수 있다. 또한, 다양한 협업이 가능하도록 회사 시스템을 유연하게 운영하는 경우도 많이 있다. UX디자인 전문 회사인 피엑스디[PXD]의 경우, 직원들이 다양한 비전을 개발하고 이것을 회사의 역량으로 다시 환원할 수 있도록 다양한 회사 운영제도를 활용하고 있다. 예를 들어 사내 세미나와 안식년 제도 등을 통하여, 일정 정도 프로젝트를 진행하고 나면, 자신을 돌아보고 재충전하는 시간을 부여하고 있다. 그리고 사내 소모임 그룹을 운영하여 직원들이 일정 기간 동안 다양한 활동을 통해 새로운 미래비전을 자연스럽게 발굴하고, 이것을 회사의 역량을 이끌 수 있도록 제도를 운영하고 있는 것이다.

이러한 비전의 공유는 이제 단순히 혁신적 제품에만 머무는 것이 아닌, 의료, 교육, 관광, 그리고 사회와 환경 문제에 걸쳐 디자인 영역의 확장을 가능하게 하고 있으며, 이에 필요한 다양한 전문가들이 서로 협업하여 활동하고 있다.

디자인 사고를 통한 창의적 사고방법과 이를 위해 중요한 협업의 태도는 앞으로 미래사회의 성장동력을 위한 많은 혁신들을 가능하게 하는 원동력이다. 그리고 이것을 가능하게 하는 것은 미래의 비전을 꿈꾸고 공유를 통한 보다 자발적 참여이다. 또한, 디자이너 스스로가 자신의 활동을 보다 객관적으로 바라보고 다른 분야에 열린 마음을 가지는 것이 중요하다. 이것이 디자인이 본래 지니는 통합적 의미를 실천하는 길이고 통합디자인이 앞으로 나아가야 하는 미래인 것이다.

패션 경계의 확장과 크리에이터

패션 경계의 확장과 크리에이터

Creator and Beyond Boundary of Fashion Design

패션과
패션산업의 변화

패션fashion은 시대에 따라 변화하는 삶의 방식에 대한 사람들의 문화적 욕구를 편견 없는 아름다움으로 표현하므로 패션을 이해하면 그 시대의 사상, 정서, 취향, 상상력 및 미적 가치를 객관적 안목으로 파악할 수 있다. 패션산업은 1960년대까지는 세계 패션의 중심지였던 파리에서 프랑스의 미적 감각과 창의력을 가장 잘 표현하는 오트 쿠튀르haute couture의 역할이 중심을 이루었다. 1970년대에 들어서 사람들의 다양한 취향과 개성이 존중받는 포스트모던 사회로 이행하면서 감성 중심의 창의적 사고에 기반을 둔 패션산업에서도 이러한 시대적 욕구를 충족시키기 위해서 디자인에 관계하는 스타일리스트에서 자신의 고유한 정체성을 토대로 창의적 디자인을 하는 패션 크리에이터fashion creator로서의 역할을 인정받게 되었다. 1980년대에는 패션 크리에이터들이 고유한 브랜드와 제품을 총체적으로 관리하면서 창의성이 돋보이는 새로운 디자인을 만들며 점점 스펙터클한 패션쇼를 기획함으로써 판매보다는 이미지를 만드는 사람들이라는 평을 받기도 하였다. 패션 크리에이터들은 남과는 다른 점을 주장하며 성공적으로 자신의 기업을 세우고 브랜드 이미지를 창출하고 가치를 높여가며 기획, 제조에서 유통, 홍보까지 통합 관리하는 방식으로 패션산업의 변화를 이끌어 오고 있다.

그동안 다른 유형의 상품에 패션이 적용되면 주로 트렌드에 의해 소비주기를 가속화하는 것으로 경쟁력을 만들어 왔으나 1990년대에 들어서서 서로 다른 분야의 경계를 넘나드는 통합적 사고가 창의적인 문제해결의 역량으로 인식되면서 패션산업에서도 창의성 관리와 경제적 프로세스로 통합될 수 있는 영감, 문화, 가치, 상징, 상황 등의 기업 외부요인을 경영관리 차원에서 통합하여 부가가치를 창출하고 있다.

패션산업이 영역의 경계를 넘어 성장하는 단계를 살펴보면, 패션의 경제 영역 안에 포함되어 있는 의류, 란제리, 패션 액세서리 등을 생산하는 전문 브랜드로 시작하여 화장품, 생활용품, 가구, 인테리어 디자인 영역을 포함하는 글로벌 브랜드로 확장되고 있다. 이러한 성장전략을 이루려면 우선 디자이너는 잠재적 가능성이 있는 파트너와 고객에게 자신이 글로벌하고, 혁신적인 비전을 가지고 있다는 것을 강조하면서 매우 독창적이고 차별화되는 영역을 구축해야 한다. 디젤Disel 브랜드는 주치 그룹Zucci Group과 합의하여 린넨으로 된 가구 침구류 라인으로 브랜드를 확장한 전략 덕분에 1978년 브랜드가 만들어진 이후 30년 동안 꾸준히 성장하였다. 이는 어떤 방향으로 브랜드 확장이 이루어져야 하는가를 잘 보여 주는 사례이다. 이와 같이 패션은 중재자 역할을 하면서 새로운 라이프스타일 소비형태에 적합한 경제원리를 창조하고 있다.

패션의 경제 영역 확장은 이미 1911년 폴 푸아레Paul Poiret가 그의 창의력으로 의류뿐만 아니라 향수와 향수병, 비누, 화장품 등을 만들고, 유통관리를 시작하였으며 이후 그랑 쿠튀리에grand couturier와 패션 크리에이터들이 자신의 브랜드와 연계한 생활용품, 인테리어 등으로 다양한 영역을 개발하여 왔다. 1990년 이후부터는 패션과 예술, 향수, 화장품, 스포츠, 생활용품, 식품과 라이프스타일 간의 콜라보레이션^{collaboration}이 활발하게 증가하고 있다. 현대사회와 같은 복잡한 구조 안에서 새로운 것을 창출해 내려면 다른 분야의 전문가들과 협력하지 않고는 불가능하다. 그래서 이러한 시대를 살아가는 소비자들의 감성적 요구에 부응하는 창의적인 제품과 서비스에 필요한 상상력을 만들기 위해 어떤 경제와 문화 조건에서 패션이 서로 다른 영역 간을 크로스오버^{crossover} 하며 창조적 협력과 경쟁을 이루어 내는가에 대해 이해할 필요가 있다.

시대정신을 포착한
패션 콜라보레이션

《콜래보 경제학》의 저자인 데본 리^{Devon Lee}는 기업환경이 다각적으로 변화하고 복잡해지는 소비자의 욕구에 대응해야 하는 무한경쟁시대의 성공요인은 협력의 기술과 비즈니스를 통해 금전적인 이익과 부가적인 이익을 얻는 협력의 비즈니스 법칙인 콜래보노믹스^{collabonomics}를 배워야 한다고 설명한다. 브랜드 이미지를 쇄신하고 브랜드 인지도를 상승시키며, 고객 네트워크를 확장하여 새로운 고객층을 흡수하는 스마트한 협업을 이루려면 협업을 하는 목적과 방법에 대한 이해를 토대로 자신에게 잘 맞는 짝을 찾는 통찰력이 필요하다. 그래야 시너지효과를 얻을 수 있고 브랜드의 이미지는 새로워지면서 개성은 더욱 확고해지는 효과를 얻을 수 있다. 이전의 가격 대비 가치 만족에서 가격과 가치 면에서 모두 최고의 만족을 주는 협력과 상생의 관계로 재편되고 있는 시대가 온 것이다.

콜라보레이션이란 원래 패션업계에서 시작된 브랜드와 브랜드 간의 합작, 협력을 통해 혁신적인 제품을 내놓는 비즈니스이다. 이러한 경향은 엘지^{LG}와 프라다^{Prada}의 콜라보레이션으로 생산된 프라다폰이 성공하면서 전 산업 영역에서 획기적인 경영전략으로 확대되고 있다. 또한, 아트 콜라보레이션^{art collaboration}은 예술가의 작품에서 영감을 얻어 브랜드가 독자적으로 제품을 디자인하거나 생산하는 것을 넘어 예술가와 적극적으로 기획, 디자인 제작, 판매, 홍보 등 모든 기획, 생산, 영업활동의 가치사슬에서 협력하여 새로운 부가가치를 창출하는 것을 말한다.

패션에 있어서 이러한 협업은 1990년대 후반 이후 범위가 점점 확대되고 그 사례 또한 계속 증가하고 있다. 패션 크리에이터 또는 패션 브랜드가 협업을 통해 의류와 액세서리는 물론, 화장품, 생활용품, 가구, 자동차, 인테리어, 레스토랑, 호텔, 그리고 더 나아가 이 모두를 통합하여 형성되는 라이프스타일을 제안함으로써 사람들에게 더 나은 생활환경을 제공하는 사례를 쉽게 찾아볼 수 있다. 통합적인 사고와 협업을 통해 새로운 라이프스타일을 제시하는 디자인 리더로서 패션 크리에이터의 디자인 활동을 통해 패션산업의 비즈니스 영역도 이전보다 확대되고 있다. 패션 크리에이터는 현대의 고객들은 자기표현이 강하고 능동적이며, 구매행동에 있어 제품 자체뿐만 아니라 그것이 갖고 있는 이미지와 상징이 자신의 개인적 특성, 관심 또는 취향과 일치하는지 판단하고 이를 구매하며, 이러한 구매 기준은 고객의 라이프스타일과 일맥상통한다는 점을 잘 이해하고 있는 것이다.

패션과 현대예술의 협업
_ 희소성에 의한 새로운 이미지

오래 전부터 예술가들은 사회를 묘사하기 위한 방법으로 그림이나 조각에 그 시대의 패션인 옷뿐만 아니라 직물과 장식까지도 디자인을 해서 그려 넣었고, 디자이너들은 예술에서 영감을 얻어 디자인하기도 하면서 패션과 예술은 친밀한 관계를 지속해 왔다. 1980년대 들어서 패션이 단순한 옷과 외관을 넘어서는 문화예술의 개념으로 받아들여지면서 디자이너와 아티스트는 더욱 가깝게 교류하였다. 이러한 시대에 패션 크리에이터라는 이름을 부여받은 디자이너에게 가장 중요한 것은 창의성이다. 패션산업의 여러 영역에서 실무 경험이 있고 산업의 운영규칙, 무역문제, 경제의 필요성을 잘 알고 있는 디디에 그랑바흐 Didier Grumbach가 "패션은 산업이다. 그러나 크리에이터의 생애 중 얼마간은 그것이 예술이어야 한다. 그렇지 않으면 브랜드가 보여 줄 수 있는 작업 범위와 오래 지속될 수 있는 주요 기준을 갖지 못한다."고 한 것 같이 새로운 패션 제품을 탄생시키려면 산업의 관점을 넘어 예술적 창조의 특정 요구사항을 충족시킬 수 있는 독특한 재능이 요구된다. 패션계의 예술적 선구자였던 이세이 미야케 Issey Miyake가 1990년대에 만들어 낸 플리츠 플리즈 Pleats Please 디자인에 예술가들의 작업이 접목되고, 이세이 미야케는 현대예술 작가 전시에 초청되었다. 또, 이세이 미야케는 자신의 작품을 갤러리에서 예술적으로 전시하고, 패션쇼에서는 모델로서 독일의 무용그룹을 초대해 감동적이고 예술적인 쇼를 연출한 것 같이 패션과 예술의 두 세계 사이의 경계가 모호해지면서 패션과 예술의 협업이 점차 많이 이루어지고 있다. 1990년대 이후 럭셔리 브랜드들은 현대예술과의 협업을 통하여 브랜드가 유지해 온 오래된 이미지에서 벗어나는 혁신적인 패션효과를 이끌어 내고 있다. 패션과 아트의 적극적인 협업의 예는 2000년 뉴욕 구겐하임 뮤지엄에서 열린 아르마니 Armani 의상 작품 전시, 2006년 스텔라 매카트니 Stella McCartney가 이미 자신의 작품을 화장품, 자동차, 패션 등을 통해 대중에게 친숙하게 다가간 제프 쿤스 Jeff Koons의 작품을 드레스 프린트로 사용한 컬렉션, 2008년 자하 하디드 Zaha Hadid가 만든 샤넬 Chanel의 모바일 아트 파빌리온 등 다양한 사례가 있다.

이러한 아트 콜라보레이션을 성공적으로 이루어 낸 대표적인 패션 브랜드는 루이뷔통 Louis Vuitton이다. 빠르고 복잡하게 변해 가는 문화 속에서 최신 트렌드의 옷을 저렴하고 신속하게 구매하고 싶어하는 소비자의 요구를 충족시키는 패스트 패션 fast fashion과는 달리, 오랜 시간 동안 장인의 손을 빌어 정성스럽게 만든 고급스러운 명품은 트렌드의 영향을 별로 받지 않고 소장가치가 높은 고가격의 패션으로 구매주기가 긴 편이다. 후자인 루이뷔통은 예술가와의 협업을 통해 제품의 이미지를 향상시키는 것은 물론, 구매주기를 줄이고 희소성으로 소장가치를 더욱 높여 제품과 기업의 가치를 새롭게 창출하는 데 성공했다.

　원래 특권층을 위한 여행용 가방 전문 회사였던 루이뷔통의 클래식한 이미지를 젊고 멋진 이미지로 전환하기 위해 영입한 크리에이티브 디렉터 마크 제이콥스Marc Jacobs는 2001년 뉴욕의 예술가인 스티븐 스프라우스Stephen Sprouse와 함께 '모노그램 그래피티' 라인을 기획하였다. 1980년대에 인기 있는 디자이너이기도 했던 스티븐 스프라우스는 선도적으로 패션, 아트, 음악, 디자인 영역을 허물고 융합한 예술가이며 패션 팬들을 열광시키는 룩look을 창조하기 위해 1960년대의 팝과 1970년대의 펑크를 혼합한 형광색과 그래피티를 사용한 것으로 유명하다. 스트리트 문화와 하이패션high fashion을 자연스럽게 담아낸 그의 '그래피티 백'은 많은 사람에게 센세이션을 일으키며 단기간에 매진되었다. 그는 대중이 자신의 작품에 친밀하게 다가올 수 있는 기회를 얻었고, 루이뷔통은 기존의 주 고객인 중년층을 대상으로 만들던 식상한 모노그램 이미지에서 탈피하여 젊게 보이고 싶어하는 중년층과 트렌드에 민감한 젊은 세대까지 선호하는 신선한 이미지로 새로운 고객층을 확보할 수 있었다. 이 결과로 마크 제이콥스는 예술가와의 협업의 중요성을 깨닫고 다시 일본의 네오 팝 아트의 선두주자로 유명한 무라카미 다카시Murakami Takashi와 협업하여 2003년에는 다양한 색과 그래픽을 적용한 '모노그램 멀티컬러 백'을, 2005년에는 무라카미의 애니메이션 모티프를 가미한 '모노그램 체리 백'을 출시하고 홍보까지 연계함으로써 세계적인 성공을 거두었다. 무라카미 다카시가 갈색의 모노그램 캔버스 위에 새로 만들어 낸 화사한 이미지는 명품을 선호하는 아시아 지역에도 커다란 파급효과를 가져왔다. 이제 모노그램 멀티컬러 백은 루이뷔통의 안정된 아이템으로 자리 잡고 매 시즌 테마에 맞취 다른 버전으로 제안되고 있다. 그래피티 백은 스티븐 스프라우스의 회고전이 열리던 2009년 마크 제이콥스가 새롭게 기획한 스프라우스 컬렉션을 통하여 그린, 오렌지, 핑크의 형광색과 그래피티를 담은 다양한 패션 아이템으로 출시되어 다시 패션계의 이목을 집중시켰다. 최근에는 새로운 작가로 쿠사마 야요이Kusama Yayoi와 협업하고 있다.

　패션과 예술의 협업은 기획에서 홍보까지의 과정을 통해 유행성이 너무 강하지 않으면서 스토리와 예술적 가치를 담은 한정된 제품이라는 희소성을 강조해서 패션의 소장가치를 높임으로써 항상 새로운 제품을 원하는 소비자들의 공감과 환호를 이끌어 내고 있다. 그러나 희소성을 지닌 제품이 유행 관여 정도에 따라 지난 유행으로 인식되는 경우도 있을 수 있으며, 협업에 참가하는 예술가들은 상업적인 영역에 들어서면서 예술가로서의 순수함을 잃어버릴 수도 있으나, 자신의 생각을 자유롭게 펼쳐 만들어 낸 작품을 통해 대중에게 더 친밀하게 다가갈 수 있는 기회가 되기도 한다.

패션과 디자인 기업의 협업
_ 심미성과 브랜드 명성에 의한 고객 네트워크의 확장

생활용품, 가구, 자동차, 장식용품 등을 생산하는 디자인 기업과 패션의 협업이 이루어지는 경우에는 패션 브랜드의 명성이 지닌 사회적 가치가 소비자의 구매욕구를 불러일으키고, 패션 디자이너들이 라이프스타일과 시대적 감성을 반영하는 아름답고 고급스러운 스타일을 만들어 내는 조력자 역할을 하여, 제품의 경제적 부가가치를 높이고 고객층을 확대하는 기회를 만들어 낼 수 있다. 이러한 이유로 최근 휴대전화, 자동차, 생활용품 등의 기업과 패션의 협업 사례가 증가하고 있다.

패션+휴대전화　　이동통신서비스를 제공하는 기업 간에 첨단기술의 격차가 줄어들면서 기술력에 의한 제품이나 브랜드의 차별화가 어려워지자 제품의 경쟁력을 높이기 위한 중요한 수단의 하나로 디자인 중심의 기술개발이 강화되고 있다. 특히, 소비자의 다양한 감성적 욕구를 충족시키는 스타일과 패션성을 강조하여 다른 브랜드와의 차별화를 시도하는 휴대전화의 패션화 경향이 두드러지고 있다.

2005년 삼성전자가 미국 휴대전화 시장의 공략을 강화하기 위해 안나 수이Anna sui와 전략적으로 제휴한 '패션폰SGH-e315'은 안나 수이의 미니 백과 립스틱을 함께 제공하고, 미국에서만 인터넷 사이트를 통해 한정 판매하는 희소성을 강조하였다. 검은색과 보라색의 배색과 장미, 나비의 모티프를 사용하여 화려하면서 여성적인 안나 수이의 패션 이미지를 적용하여 휴대전화보다 패션 액세서리 같은 느낌을 주며, 럭셔리 브랜드 모델로 활동하는 헤더 막스Heather Marks를 내세운 광고로 제품의 고급화를 강조하였다. 2005년 노키아Nokia와 베르사체Versace가 만든 노키아 7270에는 스와로브스키Swarovski의 크리스털이 장식되어 있고, 2006년 돌체 앤 가바나Dolce & Gabbana가 만든 '모토레이저 V3i 돌체 앤 가바나', 2007년 삼성전자와 조르조 아르마니Giorgio Armani가 만든 조르조 아르마니폰, 2010년 LG전자와 베르사체가 만든 베르사체폰 베르사체 유니크Versace Unique 등은 협업한 디자이너의 로고, 소재, 색채, 세부장식, 액세서리 등으로 세련되고 고급스러운 이미지의 휴대전화를 만들어 공략하기 어려운 특정 시장에 대한 접근을 하였다.

● 안나 수이가 디자인 작업을 한 '패션폰(SGH-e315)', 2005
ⓒ 삼성전자

◐ LG전자 '프라다폰 3.0', 2012
ⓒ LG전자

　그동안 출시된 다양한 패션폰 중에서 가장 성공적인 사례는 2007년 LG 전자와 프라다와의 협업으로 만들어진 프라다폰이다. 인습에 얽매이지 않고 절제되고 지성적인 창의적 스타일을 개발하여 1990년대 패션계에 새 바람을 일으킨 프라다는 현재까지 패션 리더들의 폭 넓은 지지를 받고 있다. LG전자는 프라다와의 협업을 통해서 관리하던 고객의 범위를 넓혀 유행관련 산업에 종사하거나 패션을 주도하는 고객들을 새로운 네트워크로 끌어들였으며, 터치폰이라는 기술적 혁신과 디자인, 액세서리, 음향 등 기획부터 마케팅까지의 모든 과정을 프라다와 공동으로 추진하여 구현된 세련되고 고급스러운 디자인은 혁신성을 추구하는 패션 리더들의 기대에 부응하여 잠재적 구매욕구를 불러일으켰다. 특히, LG 브랜드 로고는 감추고 프라다 로고를 드러나게 하여 럭셔리한 이미지를 주었던 프라다폰은 삶을 보다 자유롭고 편리하게 해 주는 스마트폰 시대를 겨냥한 프라다 3.0으로 진화하면서 아직도 많은 사람들의 관심을 끌고 있다.

　위의 사례들을 보면, 유명한 패션 이미지를 외관 디자인에만 적용한 경우보다는 기업의 기획, 디자인, 제작, 마케팅의 모든 과정을 공동으로 이루어 내어 네트워크를 최대한 확장시킨 제품들이 보다 성공적인 결과를 만들어 내고 있는 것을 알 수 있다. 앞으로도 디자인 기업의 첨단기술과 브랜드 가치가 높은 패션의 전략적 제휴를 통하여 소비자들의 다양한 스타일을 고려한 새로운 카테고리의 혁신적 제품을 만들고 잠재 고객들의 감성을 자극하여 새로운 고객의 네트워크를 창출하는 협업은 지속될 것이다.

패션+자동차　　　인류에게 편리한 이동수단이었던 자동차는 새로운 기술과 디자인, 그리고 에너지 효율성 면에서 계속 진화하고 있다. 근래까지 최고급 자동차의 대명사는 영국 기업인 롤스 로이스^{Rolls Royce}에서 생산한 수제 자동차였다. 수많은 부품을 거의 수작업으로 만들고 조립 역시 숙련된 기술자가 완성하는 롤스 로이스가 성공과 부의 상징이었던 것처럼, 이제는 세계적인 패션 브랜드와 협업하여 만들어진 스페셜 버전의 멋진 고급 자동차들이 소유자의 취향과 가치를 반영하는 라이프스타일의 상징으로 중요한 역할을 하고 있다.

2004년 메르세데스 벤츠Mercedes Benz와 아르마니가 두 회사의 디자인 철학을 담아 공동 개발한 'CLK 카브리올레' 스페셜 버전은 아르마니 패션의 절제된 고급스러움을 표현하는 무광택의 따뜻한 회색이 자동차의 외부에 적용되고, 내부에는 최고급 갈색 가죽을 배합한 가죽 시트와 대시보드 트림, 스티어링 휠 등에 아르마니의 특별한 감성을 담아내었다. 두 회사는 고객 리스트를 공유해 광고도 공동으로 제작하였으며, 자동차를 100대만 한정 생산하여 희소성을 높였다.

2011년에는 이탈리아에서 50년 이상 국민 자동차로 가장 선호되어 온 피아트Fiat 500이 구찌Gucci와의 협업으로 구찌 스페셜 에디션이 새롭게 디자인되었으며, 구찌는 이 자동차와 어울리는 의류, 가방, 액세서리 컬렉션도 함께 출시했다. 구찌를 상징하는 초록색과 붉은색 줄무늬를 검은색과 흰색의 2가지 색으로 제작된 자동차 외장 측면에 장식하고 안전벨트에도 사용하였으며, 구찌의 로고를 자동차 내·외부의 여러 곳에 장식하여 자동차 스타일에 혁신적인 변화를 주었다. 이탈리아 명품 브랜드인 구찌와 국민 자동차의 이러한 협업은 이탈리아의 국가 이미지 홍보에도 좋은 영향을 미친 사례로 알려져 있다.

2012년 출시된 제네시스 프라다는 현대자동차와 프라다가 협업으로 만들어 1,200대를 한정 생산하고 프라다 로고와 시리얼 넘버를 부착해 희소가치를 높인 고품격 세단이다. 블랙 네로black nero와 블루 발티고blue baltico, 그리고 브라운 모로brown moro의 3가지 색에 펄의 느낌을 살린 특수 외장 도장과 프라다 패턴으로 불리는 사피아노 가죽을 사용한 내부 시트의 스티치 굵기와 땀수까지 프라다 디자이너들이 직접 관여해 제작하여 프라다의 고급스러움과 섬세한 품격을 느끼게 한다. 제네시스 프라다는 현대자동차가 '모던 프리미엄'이라는 새로운 시도를 통해 새로운 가치와 기회를 소비자에게 제공한 대표적인 협업 사례이다.

이제 자동차의 안전과 품질은 소비자가 자동차를 구매하는 기본 조건이 되었으며, 자동차 기업들은 기업의 브랜드 이미지를 차별화하면서 새로운 시장에 진입할 수 있는 가능성을 높이기 위하여 명품 패션 브랜드와 협업하는 마케팅을 펼치고 있다. 패션 브랜드의 로고를 사용하여 기업의 새로운 아이콘을 만들고, 모든 수요가 구매할 수 없는 한정 생산으로 사람들의 욕망을 자극하며, 명품 패션과 같은 제조방식을 사용한 고품격 디자인으로 지위의 상징을 전달하고, 최고의 스타를 동원한 홍보를 통하여 프리미엄을 제공하는 꿈의 브랜드가 되기 위해 노력하고 있다.

패션+기차   크리스티앙 라크루아는 2005년부터 프랑스 국영열차인 SNCF의 TGV 고속열차의 실내 인테리어디자인을 맡게 되었다. 그는 처음 시도하는 프랑스 국영열차를 특색 있게 만들기 위해 TGV 내부 장식에 자신의 고유 색채인 연두색과 보라색을 사용해 디자인했다. 이등석의 좌석 시트는 가족, 여가의 이미지를 떠올릴 수 있도록 붉은 보라색과 빨간색을 사용하고, 일등석의 좌석 시트는 회색을 사용했으며, 비즈니스 고객들을 위한 일등석에는 컴퓨터를 사용하기 편하도록 전기 콘센트를 마련하고 고급스러움을 더하는 벨벳 소재의 연두색과 빨간색으로 좌석을 디자인했다. 또한, 편안한 여행이 되도록 열차의 좌석 수를 줄여 좌석에 더 넓은 공간을 마련하고, 열차에 배치된 휴지통 크기를 더 크게 해서 깨끗한 환경을 조성해 고객만족도를 높였다.

패션+홈 인테리어 제품   홈 인테리어 제품 영역과 이루어지는 협업에서 패션 디자이너는 가구, 의자, 커튼, 침구, 식기 등에 사용되는 직물이나 제품의 표면에 브랜드의 디자인 철학이나 심미성을 적용하는 디자인을 주로 하고 있다.

침구류는 패션 브랜드의 확장 영역으로 제품을 출시하는 경우가 많으며 대표적인 사례로 겐조Kenzo는 화려하고 생동감 있는 무늬와 색채로 디자인하였고, 소니아 리키엘^{Sonia Rykiel}은 브랜드의 특징인 줄무늬에 조화로운 색채를 사용하여 디자인하였으며, 단순하고 편안한 패션 스타일의 캘빈 클라인^{Calvin Klein}은 기존의 흰색 침대보와는 다른 무채색으로 남성적인 감성을 부여하였다. 또한, 전통과 아방가르드를 조화시켜 새롭고 다양한 스타일을 추구하는 이탈리아의 가구 기업 카펠리니^{Cappellini}를 위해 패트릭 노르게^{Patrick Norguet}는 에밀리오 푸치^{Emilio Pucci}의 화려한 프린트 직물을 사용하여 새로운 의자를 디자인하였다.

⬥ 베르사체 + 로젠탈
© Vanity, La Doree

패션 디자이너는 디자인 기업과의 협업을 한 번으로 끝내기도 하지만 자신의 패션 브랜드가 지닌 정체성을 강화시키고 관여하는 디자인 영역을 확장하기 위해 일류 제조업체와 파트너십이나 라이센스 협정을 맺고 제품을 생산하기도 한다. 예를 들어 비비안 웨스트우드^{Vivienne Westwood}는 영국의 전통 도자기 브랜드인 웨지우드^{Wedgwood}와 함께 영국의 타탄^{Tartan} 체크가 돋보이는 그릇 세트를 디자인하였고, 베르사체 홈^{Versace Home}은 로젠탈^{Rosenthal}과 고급 테이블 웨어를 만들었다. 메종 마틴 마르지엘라^{Maison Martin Margiela}는 세루티 발레리^{Cerruti Baleri}와 가구를 창작했고, 이세이 미야케는 A-Poc 라인의 의자를 디자인하기 위하여 론 아라드^{Ron Arad}와 협업하여 직물로 만들어진 '리플 체어^{Ripple Chair}'를 디자인하였다.

패션 디자이너들은 홈 인테리어 제품의 기능보다는 주로 외관의 색채와 패턴 디자인 개발에 관여한다. 기존의 규칙에 얽매이지 않고 디자이너 브랜드의 철학과 가치를 효과적으로 전달하는 디자인으로 홈 인테리어를 통일감 있게 만들어 동시대의 문화와 라이프스타일을 아름답게 보여 주며, 소비자에게는 기존 브랜드의 가치가 유지되며 확장된 새로운 브랜드로서 인식되는 것을 가능하게 한다.

패션＋포장용기　　　　패션과의 협업으로 디자이너의 고유한 감성을 적용하여 디자인한 제품은 유행 관여 정도에 따라 고객에게 제품의 희소성이 영구적인 예술 작품처럼 수용되기도 한다. 아

◉ 코카콜라 +
장 폴 고티에, 2012
ⓒ 김리라

르마니, 이세이 미야케, 겐조, 장 폴 고티에^{Jean-Paul Gaultier}, 샤넬, 빅터 앤 롤프^{Viktor & Rolf} 등 다수의 패션 디자이너가 자신의 디자인 철학을 담은 향수 병을 디자인하였고, 칼 라거펠트^{Karl Lagerfeld}와 장 폴 고티에는 다이어트 코카콜라 병을, 알렉산더 맥퀸^{Alexander McQueen}은 시바스 리갈^{Chivas Regal}의 병 등 음료와 주류 용기를 디자인하였다. 최근 매년 패션 크리에이터들과 협업하고 있는 에비앙^{Evian}의 경우는 건강한 물을 담고 있는 유리병에 패션의 감성을 지닌 생활소품이라는 다른 장식적 역할을 첨가하여 갖고 싶게 만드는 소중한 한정판이 되고 있다.

에비앙의 용기는 미네랄 워터의 본질적인 품질을 유지하기 위하여 검사된 유리 소재에서 시작하여 플라스틱 재료까지 병의 크기와 모양이 다양하게 개발되어 왔는데, 현재는 유리병과 함께 100% 재활용되는 페트병을 사용한다. 프랑스 정부는 에비앙이 생산되는 에비앙-레벵^{Évian-les-Bains} 주변 지역을 청정하게 보호 유지하고 있다. 인위적인 처리 없이 자연 그대로의 순수한 미네랄 워터를 병에 담아내는 방법과 특허를 받은 친환경적 페트병도 에비앙이 세계적으로 판매되는 프리미엄 생수 제품이 된 배경이다. 또한, 에비앙은 2000년 새 밀레니엄을 맞이하면서 '천사의 눈물'이라는 물방울 모양의 특별한 병을 디자인하여 선보인 것을 시작으로 매년 그 해를 기념하는 병을 디자인하여 에비앙 마니아들을 만들어 내고 있다. 2008년부터는 패션과 협력하여 '프레타 포르테^{prêt-à-porter}' 병과 더 화려하고 고급스러운 '오트 쿠튀르' 병을 디자인 제작하여 원하는 이미지에 따라 물을 선택해서 마실 수 있는 특별 한정판을 내놓음으로써 에비앙의 브랜드 가치를 세계적으로 홍보하고 있다. 2008년에는 화려한 색채와 섬세한 장식으로 여성스러운 디자인을 하는 크리스티앙 라크르와는 에비앙의 브랜드 로고에서 영감을 받아 아르브^{Arves} 산맥의 뾰족한 정상을 닮은 우아한 긴 드레스를 입은 여성의 모습으로 투명한 오트 쿠튀르 병을 디자인했다. 2009년 장 폴 고티에의 '프레타 포르테' 병은 장 폴 고티에의 디자인 특징인 경쾌한 파란색 스트라이프로 순수한 물 이미지를 반영하였고, 오트 쿠튀르 병은 세계적인 크리스털 명품 브랜드인 바카라^{Baccarat}의 크리스털로 제작되었다. 2010년 폴 스미스^{Paul Smith}가 제작한 한정판 에비앙은 축제를 테마로 하여 여러 색상의 스트라이프를 병의 곡선을 따라 장식하여 역동적이고 펀^{fun}한 일상을 즐길 수 있게 디자인한 것이 특징이다. 병뚜껑도 파스텔 톤의 5가지 색으로 제작해 취향에 따라 선택할 수 있는 폴 스미스 한정판은 그 어느 때보다 많은 소비자들에게 소장하고 싶은 욕구를 불러일으켰다. 2011년에는 일본의 패션 크리에이터인 이세이 미야케가 자신의 브랜드인 '플리츠 플리즈'에서 영감을 얻은 꽃 디자인으로 에비앙 병에 새 옷을 입혔다. 2012년에는 앙드레 쿠레주^{Andrè Courrèges}가 1960년대의 시대정신을 반영한 흰색과 분홍색 꽃이 그려진 에비앙을 디자인했다. 2013년에는 스위스 제네바대학에서 경제학을 전공하고 패션디자이너가 된 다이앤 본 퍼스텐버그^{Diane Von Furstenberg}가 '물은 생명 생명은 사랑 사랑은 생명 생명은 물…'이라는 자신의 친필과 빨간색 DVF 하트 로고를 에비앙에 디자인했다. 2014년에 오트 쿠튀르 디자이너 엘리사브^{Elie Saab}는 여성스럽고 우아한 드레스에 사용되는 섬세한 흰색 레이스 패턴을 에비앙에 접목시켜 순수성을 고급스럽게 표현하였다.

　2009년부터 '라이브 영^{live young}'으로 슬로건을 바꾼 에비앙은 신체를 젊

♥ 패션디자이너 + 에비앙
리미티드 에디션, 2008~2014

2008	2009	2010	2011	2012	2013	2014
Christian Lacroix	Jean-Paul Gaultier	Paul Smith	Issey Miyake	Andre Courrèges	Diane Von Furstenberg	Elie Saab

고 건강하게 해 주는 순수한 미네랄 워터의 본원적 가치에 더해, 우아하며 고급스럽고, 역동적이며 재미있고, 화사하고 친근한 다양한 이미지를 연상하며 물을 마실 수 있게 패션 크리에이터들과 협업하여 생수병을 디자인함으로써 소비자에게 에비앙을 프리미엄 라이프스타일의 상징으로 인식하게 하였다. 특별히 디자인된 에비앙 생수병들은 실내를 장식하는 소장가치가 있는 소품의 하나로 한 번 쓰고 버리는 것이 아니라 지속적으로 환경을 장식해 주는 친환경 제품이 된다. 이러한 제품은 자아실현의 가치를 충족시키기 위하여 가격에 크게 구애받지 않고 해당 상품을 소유하는 것 자체에 의미를 두는 고객을 확보하게 한다.

패션과 스포츠 전문 브랜드와의 협업
_ 소비자의 취향을 고려한 라이프스타일 브랜드

현대사회의 변화 속에서 다양한 미적 가치와 감각을 추구하는 개인이나 집단의 취향이 라이프스타일을 반영하는 새로운 마케팅 요소로 인식되고 있다. 스포츠의 종목별 특성에 맞추기 위해 기능성 위주로 제품을 생산하던 스포츠 전문 브랜드는 획일적인 제품의 스타일이 판매 한계에 도달하면서 경쟁력이 약화되었다. 이러한 상황에서 재도약의 기회를 얻기 위해 스포츠 브랜드들은 패션과의 협업으로 소비자들의 라이프스타일에 부응하는 새로운 패션 제품을 만드는 매력적인 고급 브랜드로 변화하고 있다. 스포츠 전문 브랜드가 소비자의 다양한 취향을 고려한 라이프스타일 브랜드로 변화한 대표적인 사례가 푸마 Puma와 아디다스 Adidas이다. 1920년대 초기에 독일의 두 형제가 신발공장을 시작한 것이 현재 스포츠 의류와 용품을 생산하는 푸마와 아디다스 기업의 모태이다. 제2차 세계대전 이후 형인 루돌프 다슬러 Rudolf Dassler는 축구화를 생산하는 푸마 브랜드를 창업하였고, 동생인 아돌프 다슬러 Adolf Dassler는 아디다스라는 브랜드로 상표등록을 하였다.

　푸마는 1980년대까지 축구와 관련된 제품을 생산하는 뛰어난 스포츠 전문 기업으로 유지해 왔으나 스포츠 활동에 필요한 기능성과 실용성만을 중심으로 제품을 생산하다 보니 감성적 디자인으로 다양한 취향을 충족시켜야 하는 시대의 변화에 부응하지 못하여 경영에 어려움을 겪게 되었다. 하지만 1993년 젊은 CEO로 영입된 요헨 자이츠Jochen Zeitz 회장은 나이키, 아디다스와 같이 스포츠 시장에서 확실하게 자리 잡은 기존의 브랜드와 차별화하기 위한 마케팅 전략으로 스포츠 종목별 전문성과 기능성은 유지하되 남성적인 푸마의 이미지를 취향에 따른 패션 감성이 접목되는 새로운 고급 스포츠 브랜드로 리포지셔닝repositioning하여 재도약을 이끌어 나갔다. 푸마는 남성 고객 중심이던 스포츠 시장을 여성을 포함하는 시장으로 개척하기 위해 최초로 스포츠와 패션을 결합시키는 시도를 하였다. 1998년 독일의 패션 디자이너인 질 샌더Jil Sander와의 협업으로 세련되고 고급스러운 감성을 적용시킨 '질 샌더 스니커즈'를 개발하여 푸마 브랜드를 고급화시키고 인기를 높였으며 스포츠 시장의 패러다임을 바꾸는 데도 큰 역할을 하였다. 2001년에는 질 샌더와 함께 일상생활에서도 신을 수 있는 슬림하고 날렵한 '아반티 스니커즈'를 내놓아 높은 판매율을 기록했다. 이후에도 푸마는 디자이너들과 함께 다양한 취향의 소비자들을 만족시키기 위한 협업을 지속했다. 2006년에는 영국 디자이너 알렉산더 맥퀸과 협력하여 독특한 느낌의 알렉산더 맥퀸 라인을 출시하여 사람들에게 스포츠를 위한 용도만이 아닌 패션 아이템의 하나로 스니커즈를 구매하도록 만들었다. 푸마는 미하라 야스히로Mihara Yasuhiro, 세르지오 로시Sergio Rossi 등 여러 디자이너와 협업을 진행해 다양하고 개성 있는 취향을 보여 주는 제품들을 출시하였다. 협업 제품은 대부분 한정판으로 일반 푸마 제품에 비해 가격은 높지만 꾸준히 수요를 창출하고 있다.

　아디다스는 스포츠 선수의 육체적 한계를 극복할 수 있는 부드럽고 가벼운 운동화를 세계 최초로 개발한 후 꾸준한 도전정신과 협업을 통하여 스포츠 운동화를 신선하고 독창적인 디자인으로 만들고 있다. 아디다스 역시 스포츠 전문 브랜드라는 한정된 이미지에서 벗어나기 위해 2002년 일본의 패션 크리에이터 요지 야마모토^{Yoji Yamamoto}와 협력하여 디자이너의 개성을 살리고, 아디다스 제품에 동양적인 감성을 불어넣는 데 성공할 수 있었다. 이렇게 탄생된 세련되고 색다른 '요지 야마모토 Y-3 스포츠 웨어' 컬렉션은 국제적인 스타일과 디자인에 민감한 소비자의 요구를 동시에 해결하는 현대 스포츠 제품으로 탄생하였다. 이로 인해 사람들은 일상에서도 아디다스의 기능성에 더해진 세련되고 멋있는 스포츠 패션을 착용할 수 있게 되었다. 또한, 2004년에는 영국의 디자이너 스텔라 매카트니와 협업으로 패션 크리에이터가 여성을 위한 기능적인 스포츠 컬렉션을 처음으로 제시한 '아디다스 바이 스텔라 매카트니'를 출시했다. 웰빙시대에 여성들은 건강한 몸을 만들기 위해 운동할 때에도 아름다움과 개성을 잃고 싶어하지 않는데, 스텔라 매카트니 컬렉션은 스포츠와 스타일 모두를 즐길 수 있는 깔끔한 디자인으로 여성들의 대단한 반응을 이끌어 내었다. 2007년 아디다스는 최상의 방법으로 모든 선수를 지원하고 장비를 갖추어 주는 스포츠 퍼포먼스^{sport performance}와 라이프스타일 소비자를 대상으로 하는 스포츠 스타일^{sport style}의 두 부서로 나누었다.

그 후 아디다스는 투애니원^{2NE1}의 팬이며 음악 등 여러 가지 원천에서 디자인의 영감을 얻는 패션 디자이너 제레미 스콧^{Jeremy Scott}과 협업하여

▶ 아디다스+제레미 스콧, 2012
ⓒ Adidas Group

운동화의 고정관념을 넘어선 독창적인 디자인을 개발했다. 발등에 점점 커지는 3장의 덮개가 겹쳐져 경쾌한 느낌을 주는 스리 텅three tongue 운동화와 최근 인기 높은 날개가 달린 윙wing 시리즈 제품을 개발하여 스포츠 라인을 패션으로 확대했다. 윙 시리즈는 날개를 떼면 평범한 신발이 되고 날개를 붙이면 날아오르고 싶으나 그럴 수 없는 인간의 한계를 예술적인 신발로 극복하고자 하는 듯하다. 제레미 스콧은 다른 스포츠 브랜드와 달리 대중문화도 수용하는 아디다스와의 협업을 통하여 새롭고 독특하면서도 누구나 접근하기 편한 자신의 디자인을 표현할 수 있었다.

세계적인 명성을 얻고 있는 패션 디자이너와 첨단의 기능을 갖고 있는 스포츠 전문 브랜드의 협업은 소비자에게 기능과 디자인을 동시에 만족하게 한다. 인간의 신체적 한계를 극복하기 위해 발전한 스포츠 과학처럼 스포츠 제품디자인에서도 고정관념과 편견의 한계에 도전하여 소비자 취향에 따른 다양한 패션 스니커즈를 개발하였다. 남성과 여성 모두 스니커즈를 운동장이 아닌 일상생활에서도 자연스럽게 착용하면서 슈트에도 스니커즈를 신고 다니는 자유롭고 새로운 패션 스타일을 만들어 냈다. 패션과의 협업은 스포츠 전문 브랜드에서 스포츠 라이프스타일 브랜드로 재도약하여 세련되고 멋진 유행을 제시하는 브랜드로 재탄생할 수 있는 기회를 얻을 수 있다.

패션과 제3의 공간
_ 풍요로움과 즐거움을 주는 라이프스타일 공간

1960년대 미국에서 아름다운 환경에서 작업을 하면 일에 대한 의욕과 효율이 좋아진다는 사실이 알려지면서 우리가 머무는 공간의 미적 가치에 대한 사람들의 인식이 변화하기 시작하였다. 1980년대에는 대중적인 공간이었던 브랜드 숍이나 레스토랑, 갤러리, 호텔 등에서 고객에게 창조적이고 풍요로운 감각적 체험을 얻게 해 주면서 동시에 개인의 공간처럼 편안함을 느끼게 하는 공간 연출이 빠르게 확산되었다. 이러한 변화는 도시의 활력소가 되었으며, 거주공간인 제1의 공간, 근무공간인 제2의 공간에 더해 현대인에게 즐거움과 편안함을 제공하는 제3의 공간이 되었다. 호텔은 숙소인 원래의 목적을 넘어 사람들이 만나서 라이프스타일을 충족하며 정서적 충만감을 얻는 장소로 변화하였고, 브랜드 숍은 즐겁게 여가시간을 즐길 수 있는 도시의 명소로서 가치를 지니는 장소가 되었으며, 갤러리는 영혼을 재충전하고 아름다운 장식품을 구매하는 공간이 되었다. 크리스티앙 미쿤다Christian Mikunda에 의하면 제3의 공간이 갖추어야 할 본질적인 요소는 도시의 중요한 랜드마크가 되어 그 안을 즐겁고 편안하게 돌아다니게 만들고, 전체를 일관성 있게 통일시키는 중심 콘셉트가 있어야 하며, 사람들의 호기심을 자극하여 찾아오게 만드는 것이다. 제3의 공간은 미학적 아름다움과 편리성의 쾌감이 어우러져 만들어 낸 극적인 효과로 고객에게 새로운 경험과 품격을 제공하며 라이프스타일을 만끽하도록 새롭게 만들어진 도심 속의 커뮤니티 공간인 것이다.

고객의 라이프스타일을 중심 콘셉트로 디자인하는 패션의 영역도 의류와 액세서리 중심에서 플래그십 스토어, 레스토랑, 호텔, 갤러리 등 현대적 라이프스타일 체험하는 새로운 제3의 공간 영역으로 자연스럽게 확장되며 글로벌 비전을 창출하고 있다. 뉴욕과 도쿄에 있는 프라다 플래그십 스토어, 파리에 있는 라크르와가 디자인한 부티크 호텔과 랄프 로렌Ralph Lauren의 레스토랑, 밀라노에 위치한 돌체 앤 가바나의 레스토랑, 피렌체에 있는 로베르토 카발리Roberto Cavalli의 카페, 오스트리아 티롤에 있는 스와로브스키 크리스털 월드 등이 대표적인 사례이다.

플래그십 스토어　　　사람들이 고급 브랜드를 선호하는 것은 품질과 브랜드가 주는 심리적 만족감이 주요 이유인 것처럼 세계적으로 유명한 패션 브랜드의 플래그십 스토어는 브랜드 이미지와 연계된 고급스러움과 명상적인 분위기를 느낄 수 있는 건축물의 독특한 효과로 인해 인기가 높다. 이는 넓은 공간에 장식된 오브제도 패션 아이템처럼 보이고 반대로 판매되는 의류나 신발도 인테리어 요소처럼 디스플레이되어 있는 라이프스타일 매장에서 오랜 시간 동안 체험하는 고객의 마음에 영향을 미치기 때문이다. 프라다는 2001년 거대한 공간을 색다른 시각으로 해석하는 감각이 돋보이는 건축가 렘 콜하스^{Rem Koolhaas}와의 작업을 통해 뉴욕 소호에 프라다의 예술에 대한 관심을 드러내는 복합적인 문화공간인 플래그십 스토어 '프라다 에피센터^{Prada Epicentre}'를 열었다. 뉴욕의 명소가 된 프라다 매장은 화려함은 극대화하되 고객이 편안하게 돌아다니며 여유롭게 제품을 감상할 수 있는 고급스러운 공간을 창조했고, 패션, 예술, 인테리어를 집대성한 공간에서 브랜드가 신비로워 보이게 하는 환상을 갖게 하여 판매공간과 명품의 개념을 새롭게 정의하는 데 공을 들였다. 2003년에는 자크 헤어초크^{Jacques Herzog}와 피에르 드 뫼롱^{Pierre}

● 프라다 에피센터, 뉴욕
ⓒ 홍유미

● 꼼므 데 가르송 플래그십
스토어, 도쿄
ⓒ 김영인

🔺 랄프 로렌 레스토랑
'랄프스', 파리
ⓒ 김영인

de Meuron에게 의뢰해 패션계에서 가장 아름다운 건물을 만들겠다는 의지로 세운 도쿄 아오야마의 플래그십 스토어는 전체가 유리로 된 환상적인 건물로 관광명소가 되었다. 렌즈 같은 창문을 통해 플래그십 스토어의 안과 밖에 있는 고객들은 건물과 도쿄라는 도시와 하나가 되는 신선한 느낌을 받도록 하였다. 또한, 뉴욕의 첼시 거리와 도쿄 아오야마, 서울 이태원 거리에 있는 꼼므 데 가르송Comme Des Garçons 플래그십 스토어는 디자이너 레이 가와쿠보Rei Kawakubo가 직접 건물디자인에 관여하여 선별된 건축기법과 건축재를 사용함으로써 고객들에게 새로운 테마로 연출된 라이프스타일 공간에서 신비로움과 즐거움을 느끼게 한다.

레스토랑　　　현대인의 관심을 끄는 유명한 레스토랑은 시각과 미각을 통해서 패션으로는 느낄 수 없는 또 다른 매력적인 감각을 느끼게 하는 장소이다. 맛있고 고급스러운 취향을 표현하는 문화공간으로서 레스토랑을 찾는 사람들이 늘어나면서 패션 디자이너들은 브랜드 이미지를 연결한 레스토랑, 카페 등으로 라이프스타일 영역을 확장하고 있다.

　이탈리아 패션의 중심지 밀라노에는 아르마니, 구찌, 트루사르디Trussardi, 돌체 앤 가바나, 로베르토 카발리 등이 레스토랑이나 카페를 운영하고 있다. 돌체 앤 가바나의 레스토랑 '골드Gold'는 이탈리아에서 처음 시작한 테마 레스토랑이다. 이탈리아의 맛과 이국적인 분위기를 느낄 수 있는 골드는 이탈리아인들의 라이프스타일을 느낄 수 있는 세련되고 우아한 안식처이다. 내부를 태양의 에너지가 느껴지는 고급스러운 색인 골드로 호사스럽게 장식했고, 웨이터는 돌체 앤 가바나가 디자인한 정장을 입고 섬세하게 디자인된 테이블 세팅과 음식을 서비스하며, 무라노 유리제조업체로 조형성이 탁월한 조명기구를 생산하는 바로비에르 앤 토소Barovier & Toso의 샹들리에를 사용해 아름다운 분위기를 연출하고 있다. 새로운 도전을 좋아하는 로베르토 카발리는 2002년에 피렌체에 지아코자 카페Giacosa café를 열고, 그의 패션에서 많이 사용하는 동물 표피 무늬 프린트로 카페를 특성화하면서 피렌체의 가장 역사적인 카페의 특징을 유지하고 있다. 이어서 밀라노의 토레 브랑카Torre Branca와 스피가Spiga 거리에 저스트 카발리 카페Just Cavalli café와 레스토랑을 만들었다.

　랄프 로렌은 편안하고 적절한 멋을 지닌 전형적인 미국 스타일을 보여주는 디자이너로 시카고 플래그십 스토어 근처에 클럽 같은 분위기의 첫번째 레스토랑을 개장했으며, 워싱턴에는 전통 미국식 캐주얼 음식을 서비스하는 럭비 카페Rugby café를 열고, 파리에는 레스토랑 '랄프스Ralph's'를 열었다. 랄프스에서는 그림액자를 장식한 인테리어디자인과 음식 메뉴에 의해 랄프 로렌이 구축해 온 미국 스타일의 세련된 디자인 세계의 일부를 체험할 수 있다.

　레스토랑은 배고픔과 갈증이라는 원초적 욕구를 해결하는 장소에서 점차 음식이 서비스되는 동안 멋진 연출과 장식으로 의미 있는 체험을 하는 새로운 테마가 있는 장소로 변화하고 있다. 패션 디자이너들의 레스토랑은 현대 소비자의 욕구에 부합하면서 문화적 정통성과 품격, 그리고 브랜드 이미지와 어울리는 분위기를 통해 손님들에게 경이로운 체험을 하게 해 준다.

호 텔　　호텔은 숙박과 서비스를 제공하는 장소이며 최근에는 여행 중에 또 다른 세계를 체험할 수 있는 제3의 공간이 되었다. 조르조 아르마니는 이탈리아에 있는 바, 레스토랑, 나이트클럽에 이어 세계 곳곳에 카페를 운영하고 있다. 그는 고급 호텔과 리조트 사업에도 진출하여 2010년 이마르 그룹Emaar Group과 협력하여 두바이의 부르즈 할리파

Burj Khalifa에 처음으로 직접 호텔 내부 장식과 가구디자인을 맡은 아르마니 호텔을 열었으며, 이어서 두 번째로 밀라노에 아르마니 호텔을 개장하였다.

1980년대에 런던과 뉴욕 등 주요 도시에서 시작된 부티크 호텔Boutique Hotel은 디자인 호텔이나 라이프스타일 호텔로도 알려져 있는데, 전체 건축에서 작은 소품까지 일관된 주제로 디자인되고 내부에는 고급 시설을 갖춘 다양한 크기의 적은 수의 객실이 있는 호텔이다. 2005년 파리에서 크리스티앙 라크루아가 헨리 4세 때부터 내려오던 빵집을 개조해서 만든 부티크 호텔 프티 물랭Hotel du Petit Moulin은 베네시안 스타일의 리셉션과 17세기부터 보존되어 왔던 목조계단을 그대로 살렸으며, 17개의 객실을 로코코 스타일에서 모던 스타일로 다양한 영감과 스타일의 혼합으로 만들어졌다. 이어서 2007년에는 파리 오르세 미술관 근처에 있는 19세기에 지어진 평범한 호텔을 완전히 새로운 호텔 르 벨샤스Hotel le Bellechasse로 탄생시켰다. 라크루아가 고전적인 아름다움을 현대디자인에 융합하여 만들어 낸 새로운 감각의 호텔 인테리어는 여행 중에 또 다른 체험을 하게 한다. 그 외에 호텔 드 크리용Hotel de Crillon은 금과 거울로 장식된 격조 있는 분위기를 느낄 수 있는데, 이는 감각적인 니트 디자이너로 알려진 소니아 리켈이 루이 15세 당시의 귀족적 분위기로 리노베이션했기 때문이다. 호텔 드 크

▶ 호텔 르 벨샤스+라크루아

리용은 직접 손으로 그린 천정 벽화와 바카라^{Baccarat} 크리스털 장식, 보기 드문 18세기 벽시계, 대리석 벽난로 위에 놓인 장식품들로 우아하고 기품 있는 내부를 보여 준다.

　패션과의 협업으로 디자인된 호텔은 이처럼 편의성을 기반으로 스토리와 감각적인 체험을 통해 즐거움을 줄 수 있는 명소로서의 가치를 지니게 되었고, 여가시간을 보낼 수 있는 라이프스타일 공간으로 정서적 부가가치까지 창출하고 있다.

　제3의 공간은 아름다움과 즐거움을 동시에 제공하며 고객에게 최고의 서비스를 제공할 수 있도록 인테리어, 가구, 설비, 서비스, 음식 등이 새로운 현대문화의 기준에 부합하면서, 디자인 브랜드의 정통성과 품격, 그리고 조화로운 디자인 공간을 통해 고객에게 정서적인 충만감을 안겨 주어야 한다.

패션과 디지털 테크놀로지와의 협업
_ 스마트 커뮤니케이션에 의한 기업의 홍보

스마트 시대로 발전하면서 패션의 홍보 이벤트는 다양한 테크놀로지와 콘텐츠가 가미된 예술 영역으로 점점 진화하고 있다. 최근 들어 유튜브와 SNS 등의 새로운 매체에 의한 고객들과의 소통이 필요하다고 느낀 패션 브랜드들이 패션 컬렉션과 브랜드 홍보를 애니메이션이나 단편영화로 제작하여 매력적인 영상으로 보여 주고 있다. 카르티에^{Cartier}, 아르마니, 디올^{Dior}, 샤넬, 프라다 등의 패션 브랜드들은 영화감독과 협력하여 브랜드의 역사와 제품의 스토리 등이 콘셉트로 등장하는 패션필름을 홍보매체로 활용하고 있다. 또한, 패션 크리에이터들은 시대를 앞서가는 패션쇼의 의미 확장을 위해 영상, 공간, 디지털 테크놀로지 등 다양한 영역과 협업하면서 자신의 패션 세계를 창의적으로 표현할 수 있게 되었다. 아래의 사례와 같이 패션쇼는 의상, 모델, 무대, 음악, 조명 등 기본적 표현 요소에 디지털 테크놀로지를 융합하고 발전된 무대장치 기술을 더해 첨단적이며 파격적인 퍼포먼스로 변화되고 있으며 관람자에게 새로운 감각을 부여하고 있다. 1999년 알렉산더 맥퀸의 패션쇼에서는 무대 아래에서 자동으로 올라온 모델 샬롬 할로우^{Shalom Harlow}의 흰색 드레스에 자동차 도색 로봇이 스프레이로 즉흥적인 패턴을 그려내는 퍼포먼스를 통해 미래패션에 대한 비전을 보여 주었다. 2008년 디젤의 패션쇼에서는 무대 전체에 모델들과 함께 물고기들이 움직이는 3차원 영상인 홀로그램을 볼 수 있도록 하여 수중 패션쇼와 같이 신비스러운 분위기를 연출하는 액상 공간^{liquid space}을 만들었다. 2011년 버버리^{Burberry}의 패션쇼에서는 홀로그램 기술을 사용하여 무대에 등장한 모델들의 잔상이 남고, 그 잔상이 나중에 파편처럼 사라지는 놀라운 첨단 패션쇼를 보여 주어 그동안 진부해진 브랜드 이미지를 젊고 감각적인 버버리 프로섬^{prosum}으로 변화시키며 생기를 되찾았다. 또한, 빛의 효과를 극적으로 살려 새로운 시각적 이미지를 창출해내려는 라이트 아트^{light art}와 같이 빛의 특성을 이용한 첨단기술 적용 사례도 많아지고 있다. 2008년 후세인 샬라얀^{Hussein Chalayan}은 공학자이며 디자이너인 모리츠 발데마이어^{Moritz Waldemeyer}와 협업하여 빛의 방향과 속도 변화를 조절하는 수백 개의 서보모터^{servo motor}를 이용해 구현된 구동 레이저를 장식한 드레스를 디자인하였다. 이 드레스는 강렬한 붉은빛을 발산하며 주변 공간 속으로 드레스를 확장시키는 신선한 패션 퍼포먼스를 연출했다. 이와 같이 예술, 패션, 디자인과 디지털 테크놀로지의 협업을 통한 실험적 사례의 증가는 스마트시대의 도래와 함께 더욱 극대화될 것이며, 패션 퍼포먼스와 브랜드 홍보도 보다 적극적인 기획으로 새롭게 바뀌어 갈 것이다.

패션과 이종업계의
협업으로 형성되는 가치

현대사회에서 패션은 이제 한동안 존재했다 사라지는 유행만을 의미하는 것이 아니라 사람들의 풍요롭고 아름다운 삶에 대한 취향을 충족시켜 주는 양식이며, 라이프스타일 변화에 대응하여 확장된 경제 영역에서 만들어지는 물질적·비물질적 가치를 포함한다. 특히, 패션과 다른 업종과의 네트워크 내에서 효과적인 협업을 통하여 이루어 낸 결과는 사람들이 희귀한 예술 작품을 소유하거나 신선한 자극을 통하여 정서적 만족감을 느끼고 싶은 욕구, 아름답고 편안한 최고급 장소를 방문하거나 명품을 소유하여 행복감을 느끼고 싶은 욕구 등을 만족시켜 주는 역할을 하고 있다. 협업은 시기적 적합성을 고려해야 하며, 협력업자들이 가지고 있는 브랜드 철학과 역량을 잘 엮어서 혁신성을 이끌어 내고 편의성을 강화하여야 의미 있는 결과를 창출할 수 있다. 앞으로도 패션과의 협업은 미래사회로의 진화 방향에 맞춰 더 확장된 영역 전반에 걸쳐 활용될 가능성이 있다.

　패션과의 협업은 기업에게는 고객의 만족을 얻어 내는 상업적인 성공을 통해 평판과 위상을 넓히는 시장가치를 증가시키는 수단이 되며, 새로움을 추구하는 소비자에게는 제품의 기능이나 스타일과 관련된 감성이나 상징적 요소를 심리적으로 풀어 내어 일상생활을 미화시키는 구체적인 제품을 제공함으로써 고객의 잠재적 욕구를 충족시키는 기회로 자리 잡아 갈 것이다. 이러한 패션과 이종업계가 협업할 때는 패션의 디자인 철학이 협력기업과 잘 공유되고, 가능하면 새로운 기술적 부분과 디자인이 결합하여 좋은 결과를 얻어야 하며, 디자이너의 위상과 브랜드 가치에 적절한 가격 책정이 이루어져서 서로에게 이득이 되는 결과를 창출해야 한다. 또한, 희소성과 프리미엄이 부가되는 고가의 제품은 사치적 소비보다는 소유에 의해 충족되는 개인의 행복을 만들어 주며 라이프스타일을 선도하는 가치를 지녀야 한다.

EXPA
COMMU
AN
INT

커뮤니케이션 확장과 이미지 통합

커뮤니케이션 확장과 이미지 통합

Expansion of Communication and Image Integration

미디어시대의 도래, 이미지와 커뮤니케이션

인간은 사회적 동물이어서 다른 사람과의 소통을 통해 사회에서의 자신을 포지셔닝하며 사회적 소속감을 얻고 자신이 소속된 무리 속에서 생활한다. 더욱이 현대인은 다양한 정보디바이스를 활용하여 한시도 쉼 없이 소통의 생활을 하고 있다. 생활공간 내에서의 정보소통은 물론, 길을 걷거나 차를 타고 이동하면서, 또 열차나 배를 타고 이동하면서도 휴대전화로 끊임없이 소통하고, TV를 시청하면서 동시에 검색과 채팅을 하며, 물리적 거리에 상관없이 화상으로 얼굴을 보며 바로 옆에 있는 것처럼 소통하며 살고 있다. 20세기에 현대인들은 일과 놀이, 학습과 휴식, 검색과 쇼핑 등을 하나의 공간에서 동시에 할 수 있어 일하면서 바로 그 자리에서 놀기도 하고, 실내에 있으면서 실외활동을 체험하며, 멀리 지구 반대편에 있는 사람들과 보고, 듣고, 말하며 생활하고 있다. 이러한 생활을 가능하게 해준 것은 정보통신기술의 눈부신 발전 덕분이다. 현대인이 생활하는 공간에 있는 대부분의 기기들은 두 가지 이상의 기능을 수행하는 융합기기로 발전되어 현대인에게 이러한 편리한 삶이 가능한 세상을 만들어 주었다. 이러한 변화는 불과 10~20년 사이에 일어난 변화다. 기기들은 여러 기능이 하나로 합쳐지는 융합conversions이 이루어져 하나의 기기가 여러 가지 기능을 수행할 수 있게 되었으며, 전기를 사용하는 대부분의 기기들은 전선의 구속으로부터 벗어나 무선화wireless되어 공간에 구애 받지 않고 자유롭게 이동할 수 있게 되었다. 사람들은 기기의 가변적·선택적 기능을 활용하면서 각자 좋아하는, 혹은 필요한 것들에 대해 더 많은 요구를 쏟아내기 시작했다.

현대인이 원하는 편리한 생활이란, 내가 생활하는 공간에서 편한 옷차림으로 업무를 볼 수 있는 정보환경이 있고, 아무리 먼 곳에 있는 사람이라도 면대면으로 대화를 나눔으로써 명확한 소통을 하며, 각종 애플리케이션을 사용하여 실감나는 영상으로 업무리포트를 작성하여 상사에게 혹은 클라이언트에게 제안할 수 있는 편안한 업무 환경을 갖는 것일 것이다. 또, 나만의 공간에서 정보디바이스를 통해 TV를 시청하며 휴식을 즐기는 동시에 TV에서 방영되는 광고상품이나 뉴스에서 흘러나오는 사건들에 대한 또 다른 견해를 검색하여 폭넓은 정보 수집으로 비교 분석하고 판단하는 것이다. TV를 시청하는 동일한 디스플레이로 드라마를 시청하며 각자의 방에서 편안한 자세로 각자가 좋아하는 음식을 먹으면서 마치 친구와 함께 TV를 보고 있는 듯이 방송 속 인물에 대해 이야기할 수 있으며, 관심 있는 TV 속 광고상품에 대한 소비자의 사용 후기를 바로 검색하고 가격비교도 하며 다각도로 평가한 후 TV 리모컨을 누르는 단순한 동작으로 광고상품을 구매할 수 있는 생활일 것이다. 이는 업무와 소통, 휴식과 교제와 취미생활, 쇼핑과 검색을 개인이 원하는 편안함을 즐기며 시간과 공간의 제약 없이 할 수 있는 그런 환경이다. 사회에서 살아가는 사람들의 바람직한 생활이란, 개인이 갖춘 능력을 발휘하여 사회 속에서 개인의 능력을 인정받고 소속된 사회와 집단에서 다른 사람들과의 관계맺음을 잘하는 것이다. 이는 사회에서 적응하고 성공적 삶을 살아가기 위하여 매우 중요한 일이었다. 그러나 정보혁명과 이에 따른 기술의 혁신은 개인이 혼자서 무엇이든지 자유롭게 활동할 수 있는 세상으로 바꾸어 놓았으며 이로 인해 사회 속에서 개인의 가치가 더욱 부각되는 개인 중심의 사회로 진화하고 있다. 따라서 이 시대를 살아가는 사람들은 모든 이들이 만족하는 다수에게 맞추어진 것이 아닌, 나에게 딱 맞게 만들어진 도구와 기능을 요구하게 되었으며, 이러한 개인적 요구의 수용으로 개인 맞춤형 문화가 나타났다.

사람들은 하나의 개인으로 존중받고 자기의 기호와 요구를 주장하여 개인의 가치와 문화를 누리며 살 수 있게 되었으며, 이러한 생활을 가능하게 한 것은 네트워크 기술, 정보기기, 융복합 기술 등의 분야가 최근 눈부신 발전을 해 온 덕일 것이다.

융합과 이동성이 만들어낸 개인문화

많은 사람들은 이런 변화에 적응하여 일상을 살아가는 생활의 방식과 스타일 등 생활문화 전반에 변화를 겪고 있다. 그리고 이러한 문화의 변천 속에서 각 분야에서의 생산과 소비를 담당하는 기업과 단체들은 이들 소비자들의 변화한 생활문화와 그들의 라이프스타일을 연구하는 등 소비자의 만족을 얻기 위해 지속적으로 노력하고 있다.

18세기 산업혁명 이후 디자인은 제조를 위한 제품 경쟁력을 중심으로 형태와 기능, 품질로 경쟁해 왔다. 그러나 인터넷 정보통신환경의 도래로 정보는 소통의 문제뿐만 아니라, 소통을 기반으로 하는 놀이 문화, 철학 등 무형의 지적자산들이 가치를 인정받게 되었다. 또한, 통신기술의 발달은 정보와 지식을 기반으로 하는 지식 기반의 사회로 변화를 주도하였으며, 이에 따라 제품은 제품 본연의 기능에 추가로 소통과 서비스라는 기능을 포함하게 되어, 물리적 존재감을 갖는 제품에서 무형의 서비스 제품으로 발전하였다. 이에 따라 산업의 기반도 물리적 생산에서 지적자산, 즉 정보, 지식, 네트워크, 서비스 등을 제품화하는 방향으로 변화하였다. 그날의 뉴스를 신문이나 TV를 통해 접하던 생활에서 컴퓨터나 스마트폰으로 언제 어디서나 접하며 아침과 저녁 두 번이 아닌 원하는 때에 수시로 시시각각으로 이곳저곳에서 벌어지고 있는 일들을 내 손 안에 있는 기기로 네트워크에 접속하기만 하면 즉각적으로 알 수 있게 되었으며, 지식은 책뿐만 아니라 온라인상에서 검색을 통해서도 얻을 수 있게 되었다. 이러한 사람들의 행동변화는 생활문화 전반에 이르는 변화로 이어졌으며, 변화된 문화를 누리며 변화된 생활방식으로 살아가는 새로운 라이프스타일을 즐기는 사람들이 생겨났다. 이들은 현대사회에서 새로운 형태의 소비자로 등장하였으며, 디즈니-ABC텔레비전 그룹의 대표인 앤 스위니 Anne Sweeney는 이들을 지칭하여 '디지털 원어민'이라 칭하였다.

디지털 원어민의 출현과
통합의 필요성

디지털 원어민 세대란 1980년부터 2000년 사이에 태어나 기술의 발전과 함께 성장해 온 세대로, 컴퓨터 게임과 이메일을 일상 속에서 접하며 문화를 주도해 나가는 소비자를 말한다. 이들에게 커뮤니케이션 수단이란 단순히 전달이 아닌, 스스로 생각하고 판단하여 대상과의 상호작용을 하는 것을 말하며, 이런 활동 등을 통해 재미를 느끼고 새로운 문화를 창조한다. 이와 같이 디지털 원어민은 커뮤니케이션을 통한 사고와 판단, 그리고 시스템을 향유하고 그 안에서 소통과 상호작용을 하며 이를 통한 콘텐츠와 문화를 소비하고 재생산하는 활동을 하며 생활하게 되었다. 이는 이들로 하여금 언제 어디에서든지 물리적 기능과 지식을 제공하고, 소통을 통해 재생산을 할 수 있도록 하며, 이들에게 어떤 형태로든 활용이 가능한 서비스와 제품의 제공이 필요하게 되었다. 이는 제품과 서비스에서도 사람들의 변화된 생활을 중심으로 재구성하여 재생산이 요구됨을 의미하며, 소비자는 언제 어디서나 사용할 수 있는 편리한 제품과 서비스를 원할 뿐, 전통적인 방식의 물리적 생산성에 의한 제품과 서비스에 만족하지 않게 되었다. 이러한 요구는 제품과 서비스를 생산함에 있어 사람의 편이를 중심으로 한 여러 기능을 하나의 생산품으로 할 수 있기를 원하게 되었으며, 이러한 요구에 수용하기 위해서는 디자이너의 통합적인 사고가 필요해졌다.

디지털 문화가 초래한
브리태니커 백과사전의 변화

사전의 고전이며, 가장 권위 있는 사전으로 알려진 브리태니커 백과사전이 전통적인 인쇄방식에서 벗어나 온라인 버전을 만들었다. 브리태니커 회장인 조지 커즈 Jorge Cauz는 〈시드니 모닝 헤럴드〉와의 인터뷰에서 브리태니커도 위키피디아 Wiikipedia처럼 사용자가 정보를 올리고 편집하는 사용자 주도의 정보 추가를 곧 허용할 것이라고 밝혔다. 이 사실은 디지털 문화의 영향이 브리태니커에까지 미친 것이라 볼 수 있을 것이다. 디지털 문화의 양상을 잘 반영한 인터넷의 대표적 백과사전인 위키피디아는 네트워크상에서 등록된 정보사용자가 백과사전에 게시된 내용을 정정하거나 새로운 정보를 추가 가능하도록 운영함에 따라 폭넓은 정보를 수집하여 지식화함에 성공하고, 이렇게 사용자의 자유로운 참여로 세계 각지의 정보를 지식화할 수 있었으며, 이를 통해 세계 최대의 온라인 백과사전으로 자리매김하였다. 인터넷을 사용하는 많은 사람들은 구글을 비롯한 대부분의 검색엔진에서 사전의 고전 브리태니커의 정보보다 위키피디아의 정보를 우선시하게 되었으며, 위키피디아는 간편한 검색을 통해 폭넓은 지식을 정보로 제공하는 백과사전이 되었다. 이는 인터넷 사용자들이 네트워크를 활용하여 손쉬운 방법으로 지식을 찾고 공유하게 되었고, 이러한 사용자들의 행동은 많은 단순 데이터를 모아 유용한 정보를 만든 결과가 되었으며, 이는 사용자들의 행동에 의해 정보가 재편집되어 지식으로서 그 활용가치를 얻게 됨을 의미한다. 브리태니커가 지켜왔던 특정 지식원에 대한 신뢰와 권위 등이 위키피디아가 운영한 사용자 참여적 정보를 지식화하는 네트워크형 정보 수록에 패배한 것이라 해도 과언이 아닐 것이다. 이 또한 정보기술이 만들어낸 새로운 디지털 문화의 산물이라 하겠다.

문화 변화를 이끈 기술의 변화
1인 미디어, 1인 커뮤니티 SNS

정보를 주고받기 위한 디지털미디어는 점점 소형화되고 고성능으로 발전하여 자유로운 이동성이 확보되면서 디지털 노마드족이라 일컫는 새로운 디지털 문화를 즐기는 라이프스타일의 사람들이 생겨났다. 이들은 언제 어디서나 정보 디바이스를 통해 일하고 소통하고 노는 라이프스타일을 갖는 사람들이다. 이들은 한곳에 머무르기보다 이동하며 많은 정보를 획득하고 얻은 정보를 기록하며 다른 사람들과 소통하는 일을 일상적으로 하는 사람들이다. 이들이 사용하는 대표적 소통의 도구는 SNS^social network services이다. 현대 사람들은 여러 곳을 이동하며 보고 듣고 느낀 것들을 친구들과 또 다른 사람들과 공유하게 되었다. 이와 같이 개인의 자기 정보 표현 욕구가 강해짐에 따라 SNS는 더욱 활기를 띄게 되었으며, 개인이 마치 매스커뮤니케이션의 기능을 하는 것 같이 내가 만든 정보를 전달하고, 내가 알고 있던 친구에 더하여 친구의 친구처럼 모르는 사람들도 SNS를 통하여 사회적 관계를 맺을 수 있게 되었다. 웹에서 카페, 동호회 등의 커뮤니티 서비스가 특정 주제에 관심을 가진 집단의 폐쇄적인 서비스를 공유하는 것에 비교하여, 소셜 네트워크 서비스는 나 자신, 즉 개인이 중심이 되어 자신의 관심사와 개성을 공유한다는 점에서 차이가 있다.

소셜 네트워크 서비스는 친구, 선후배, 동료 등 지인知人과의 인맥 관계를 강화하고 또 새로운 인맥을 쌓으며 폭넓은 인적 네트워크를 형성할 수 있도록 해 주는 서비스이다. SNS는 인터넷에서 개인의 정보를 공유할 수 있고, 의사소통을 도와주는 1인 미디어, 1인 커뮤니티라 할 수 있다. 즉 사람마다 자기의 매스커뮤니케이션 채널을 가지고 있는 것과도 같다. SNS는 초기에는 주로 친목 도모, 엔터테인먼트 용도로 많이 활용되었으나, 그 사용자가 증가하고 정보네트워크로서의 힘이 생기면서 비즈니스, 각종 정보 공유 등 생산적 용도로 활용하는 경향이 생겨나 인터넷 검색보다 소셜 네트워크 서비스를 통하여 최신 정보를 찾고 이를 활용하는 이들도 많아졌다. 왜냐하면 사람들은 대부분 일반 검색을 통해 찾는 정보보다 아는 사람의 아는 사람으로 연결되어 있는 친구의 추천으로 공유하는 정보에 신뢰성을 높이 갖게 되며, 전달의 경로와 정보가 간결하기 때문이다.

개방과 참여의 웹 2.0시대는 신문, TV, 라디오, 잡지의 전통적인 4대 미디어를 위협하고 있다. 모든 사람이 발신자이자 수신자가 되는 인터넷 환경은 기본적으로 통제가 어렵고 정보의 파급 속도가 월등하게 빠르다. 개인을 중심으로 집단여론을 형성하는 1인 미디어의 파워 블로그는 오늘날 전통적인 저널리즘 세력과 접전을 일으키기 충분할 만큼 영향력이 크다. 이처럼 1인 미디어의 힘이 막강해짐에 따라 소비자는 수동적인 수용자가 아닌 생산소비자prosumer인 프로슈머와 창조적 소비자인 크리슈머cresumer로 진화하고 있다.

이미지가 더욱 중요해진
미디어 커뮤니케이션

21세기 미디어의 질서가 변하고 있다. 신문과 지상파 방송 등 20세기를 지배했던 매체들은 디지털 미디어의 확장의 영향으로 예전만큼 매체시장에서의 기득권 확보가 어려워지고 있다. 예전에 새로운 소식을 전하는 뉴스미디어로서의 신속성과 정확성, 그리고 유희성에 있어 대표성의 가지던 공중파 방송 3사와 3대 일간지 등은 대안적인 커뮤니케이션 채널이 증가함에 따라 그 파급력에 있어 위협받고 있다. 매체의 상업적 활용으로 대표적인 광고시장을 살펴보면 TV와 신문과 같이 전통적인 매체를 이용한 광고는 광고의 방식에서는 기존의 방식을 고수하며 고가의 비용을 필요로 하는 매체로 여겨지고 있다. 반면에 인터넷을 포함한 신규 미디어들은 방식의 새로움과 비용의 측면에서도 기존 미디어를 위협하고 있다. 그러나 이러한 변화는 기존 미디어의 위기만을 의미하지는 않는다. 기존 미디어는 신규 미디어와 제한된 시장을 놓고 상호 적대적이 될 수도 있으나, 현황을 살펴보면 종이 인쇄를 하는 방법으로 소비자는 별도의 장치 없이 접할 수 있다는 기존 신문이 갖는 전달력과 인쇄를 거치치 않아도 되는 구조로 조판 및 인쇄 시간을 절약할 수 있다는 인터넷의 신속성 등 종이 신문과 인터넷 신문이 상호보완적인 관계로 변하고 있다. 이렇듯 기존의 매체와 새로운 매체가 상호보완적 관계를 가지고 시너지효과를 내는 방향도 기대할 수 있다.

 변모하는 미디어 환경은 기존 미디어와 신규 미디어 간의 유기적 결합을 요구한다. 한 가지 방식의 미디어로는 무한경쟁시대에 힘을 가질 수 없으며, 미디어는 새로운 비즈니스 모델로 자리매김하며 지속적 변화를 추구해야 하는 국면에 접어들었다. 새로운 미디어는 그 전달의 특성상 텍스트보다 이미지의 활용도가 높아졌으며 미디어 시대에서 이미지의 중요성은 더욱 증대되고 있다. 또한 변모된 미디어 환경에서 지속적으로 생산되어 유포되는 것은 이미지의 형태가 되었다. 이렇게 생산되는 이미지들은 시각화를 통해 이미지를 전달하고 이는 감성 정보가 되어 소비자에게 다가가게 된다. 이미지를 통한 전달을 정확하게 전달력 있게 디자인하기 위해서는 전통적 인쇄를 기반으로 한 그래픽디자인과는 다르게, 시청각을 중심으로 하는 다감각적 메시지로 만들며 다양한 요소들을 연결하여 포괄적 이미지를 창출을 위한 이미지 중심의 통합적 접근을 필요로 하고 있다. 미디어 시대에 감동을 주는 인상적 디자인, 이것이 이 장에서 이야기하고자 하는 이미지 기반의 통합디자인이다.

이미지를 만드는 요소와
요소의 통합

사람은 아직 문자가 없었던 석기시대에도 일상을 함께하는 사람들과 커뮤니케이션을 해 왔다. 그 커뮤니케이션의 도구는 낙서와 같은 형식의 이미지였으며, 그 낙서는 자연의 형상을 그린 기호의 역할을 하는 것이었다. 이 기호를 도구로 함께 살아가는 사람과의 소통, 그리고 자신이 기억해야 하는 경험지식 등을 기호화하는 도구로 그림을 활용해왔다. 이 그림은 이미지이며 소통의 내용에 따라 다양한 뉘앙스의 이미지들이 사용되었다. 일대일, 일대다一對多, 다대다多對多의 소통이 모두 이미지를 통해 이루어져 왔음을 입증해 주는 것이 바로 석기시대의 알타미라 동굴벽화, 고구려 고분벽화이다. 현대에 와서 이미지는 광범위한 의미로 사용되고 있으며, 그 범위와 도구는 달라졌으나 정보전달의 중요한 요소로 지속적으로 활용되고 있다. 정보전달에 있어 문자는 사회적으로 약속된 기호로, 이미지는 느낌과 뉘앙스 등 보다 감성적이고 세밀한 정보전달의 도구로 활용되고 있다. 이미지는 사전적 정의에 따르면 영상 또는 심상이다. 영상이란 눈으로 보는 그림 혹은 사진을 말하며, 심상이란 이전 감각을 통해 얻은 현상이 마음속에서 재생됨을 말한다. 따라서 이미지를 활용하면 사람으로 하여금 감각을 통해 감동적 현상을 경험하도록 하여 사람들의 마음속에 감동을 재생할 수 있는 것이다.

　이미지가 감각을 통하여 획득한 현상이 마음속에 재생되는 심상이라는 개념을 이해하여 응용하면, 사람들에게 전달하기 원하는 정보를 기분 좋은 이미지, 맘에 쏙 드는 이미지, 감동적 이미지로 심상을 만들어 재생할 수 있도록 디자인하여 감동을 전하는 디자인을 할 수 있을 것이다. 심상은 감각을 통해 현상으로 만들어지는 것이다. 즉, 사람은 시각, 청각, 촉각, 후각, 미각의 5가지 감각을 통해 인지 지각하여 이해의 과정을 거쳐 마음속에 현상을 담는다고 할 수 있다. 그러므로 감동적 심상을 만들고 그것을 재생하게 하는 것은 오감을 통해 지각되는 물리적 자극이며, 이는 형태와 색, 질감, 소리, 냄새, 그리고 맛을 통한 것이라 할 수 있다. 이것은 사람의 마음에 담아야 하는 것이기에 다소 주관적일 수 있으나 사람마다 주관성의 근거를 문화나 환경 개인의 특성 등에서 찾을 수 있을 것이다.

　디자인의 구성요소는 사람이 감각기관으로 받아들이는 모든 자극이 되는 물리적 대상이며, 디자인의 목적은 디자인의 결과물에서 기능의 구현과 함께 사용자가 감동적 심상을 재생시켜 좋은 이미지를 갖게 하는 것이다. 그리고 그 심상은 개인의 특성과 성향에 따라 각기 다른 이미지를 만들어 간다는 점이다. 개인의 특성을 만드는 요소를 생각해 보면 그 사람이 살고 있는 지역의 문화적 배경, 소속된 지역사회, 개인의 지적 능력, 성별, 연령, 취미, 개인의 특별한 경험 등을 생각할 수 있다. 따라서 원하는 이미지를 만들어 전달하기 위해서는 사람에 대한 이해와 더불어 디자인의 요소에 대한 연구를 기반으로 디자인 작업을 수행해야 할 것이다. 또한, 이러한 이미지의 생성은 디자인의 분야와 디자인 결과물의 유형에 따라 기획되고 만들어지기보다는 사람이 살아가는 방식, 즉 라이프스타일과 그 사람의 특성, 그리고 본질적으로 인간을 편리하고 풍요롭게 하기 위한 목적이 모든 디자인에서 이루어져야 할 것이다. 기능과 목적, 그리고 산업의 구조와 영역에 따라 구별되는 디자인보다 인간에게 좋은 심상을 심어주는 이미지를 하나의 주제로 삼은 통합적인 디자인이 보다 인간의 삶을 풍요로운 삶으로 만드는 데 도움을 줄 것이다. 이와 같이 이미지를 통한 디자인의 통합이 이루어질 수 있다.

브랜드와 브랜딩을 통한 통합

이미지 통합의 방법으로는 여러 가지 방법과 관점이 있을 수 있다. 여기에서는 그 중 하나의 사례로 브랜드를 통합하는 디자인에 대해서 살펴보기로 한다.

　브랜드의 의미는, 넓은 의미로는 어떤 경제활동에서의 많은 생산자들 중 해당 생산자를 구별하여 지각되는 이미지와 경험의 집합이며, 좁은 의미로는 어떤 상품이나 회사를 나타내는 상표, 표시를 말한다. 이는 숫자, 글자, 약화된 상징 이미지인 심벌, 로고, 색상과 구호 등을 포함한다. 브랜드는 기업의 무형자산으로 소비자와 시장에서 그 기업을 나타내는 가치이다. 마케팅, 광고, 홍보, 제품디자인 등에 직접 사용되며, 경제의 측면으로나 문화적 측면으로도 그 시대의 사회상을 나타내는 중요한 요소가 된다. 이렇게 활용되는 브랜드의 이미지는 브랜드의 제품과 시장 특성, 소비자 기호 등으로 이루어지는 브랜드의 정체성을 표시한 것이다. 이를 조형으로 시각화하고 여러 생산품들에 적용하여 수많은 생산품들이 그 모태가 되는 브랜드의 가치와 이미지를 대중에게 전달하기 위하여 브랜드의 조형적 표상으로 만들고, 이를 시스템화하는 것이다. 즉 브랜딩을 통한 통합은 브랜드의 표상을 조형으로 시각화하고 이들 조형요소의 활용을 위한 시스템을 만들어, 이를 통하여 수많은 상품들을 하나의 브랜드로 통합 인지할 수 있도록 하는 것이다. 이러한 분야는 브랜드 아이덴티티로 불리며, 아이덴티티는 비단 시각적 이미지를 다루는 것뿐만 아니라 기업의 정신과 목표 이념 등을 기업에 소속된 모든 사람들의 행동규범에 이르기까지 브랜드가 이루고자 하는 이미지로 만들어 나가도록 하는 도구가 되는 것이다. 브랜드 아이덴티티는 시각적 요소와 더불어 청각과 후각, 미각, 촉각 등 인간의 감각기관에 전달할 수 있는 모든 감각요소들, 그리고 브랜드의 비전과 목표 등 기업이 지향하는 목표를 공유하기 위한 정신요소, 이념 및 비전의 공유와 목표달성을 위한 방법이 되는 행동요소로 이루어지며, 이러한 감각요소, 정신요소, 행동요소들을 사용하여 브랜드 이미지를 만들어가는 대단히 광범위한 범위에 적용되는 디자인 시스템이다. 따라서 기업의 아이덴티티는 기업을 접하는 사람들에게 기업의 이미지 커뮤니케이션을 통해서 기업을 알리며, 아이덴티티는 이미지의 차원을 넘어 기업의 조직과 경영문제에 밀접하게 관련하여, 커뮤니케이션의 문제뿐만 아니라 부가적으로 사회문화 창조와 서비스 정신을 조성하는 측면까지 포괄한다.

미국의 정신분석학자 에릭슨Erik Homburger Erikson은 "개인의 핵심과 그 개인이 공동체 문화의 중핵으로 위치하는 하나의 움직임, 이것이 곧 아이덴티티이며 이 2개의 아이덴티티를 일치시키는 것으로부터 개인의 아이덴티티가 확립된다."고 하였다. 개인은 역사적인 시간 축에서 인식되며, 공동체 문화는 하나의 환경이기 때문에 개인의 특성과 문화 환경은 분리하여 생각할 수 없는 것이다.

아이덴티티 이론은 디자인 분야뿐만 아니라 1960년대 이래 사회심리학이나 산업조직론의 주제가 되어왔다. 그 이유는 현대사회가 지니는 특성, 즉 정보의 양적 증가와 복잡해진 조직과 인간관계, 그리고 매우 다양한 가치로 구성된 공동체 문화 사이에서 복합적 대상인 개인과 공동체 문화가 어떻게 통합성을 가져야 할 것인가에 대한 관심에서이다.

브랜드의
비주얼 아이덴티티

비주얼 아이덴티티 시스템^{Visual Identity System}, VIS는 브랜드를 포함한 기업의 이미지를 커뮤니케이션하기 위해 사용하는 감각요소들 중 시각요소를 중심으로 하는 조형으로 표현된 이미지의 표상을 말한다. 비주얼 아이덴티티 시스템의 특성은 개성, 행동, 커뮤니케이션, 상징 등 기업 아이덴티티의 평가항목이 되는 4가지 축과 가시성, 차별성, 진실성, 투명성, 일관성의 5가지 기업 비주얼 아이덴티티의 차원을 공유한다. 비주얼 아이덴티티가 갖추어야 할 특성은 다음 4가지 항목으로 정리할 수 있다.

1 차별성

차별성^{distinctiveness}은 다른 기업들과 구분되는 시각적 특징으로 그 기업만의 개성을 나타낼 수 있어야 한다. 비주얼 아이덴티티는 경쟁업체와의 차별성을 인식시키기 위한 것으로 시각적으로 독자적인 이미지로 표현되어야 한다. 기업만의 철학, 비전, 이념 등을 소비자에게 긍정적인 이미지로 전달하고 소통하기 위해서는 심미적이고 독특한 조형으로 디자인하여야 한다. 이러한 기업의 개성은 같은 기업 내의 브랜드나 동일 브랜드 내의 제품 분류에서도 그 차별성이 드러나야 한다.

2 일관성

비주얼 아이덴티티 시스템의 일관성^{consistency}은 표현 요소의 일관성과 전개방식의 일관성 모두를 포괄한다. 비주얼 아이덴티티는 기업의 얼굴로 소비자가 가장 먼저 접하는 이미지이자 지속적으로 소통하는 언어이다. 따라서 기업의 성격의 투명성과 일관성은 비주얼 아이덴티티 시스템에서 반드시 관리되어야 하며 소비자와의 지속적 관계형성에 중요한 요소가 된다. 일관되지 않은 비주얼 아이덴티티 시스템의 사용과 관리는 기업의 정체성과 경영 체계에 혼란을 줄 수 있다.

3 지속가능성

지속가능성sustainability은 외부환경에 대처할 수 있는 비주얼 아이덴티티 시스템의 유기적 구조를 의미한다. 기업의 활동은 시장 환경의 변화에 대처해야 한다. 기업의 비주얼 아이덴티티 시스템 또한 기업의 변화와 시대 스타일에 따라 변화해야 한다. 동시대성을 상실한 디자인은 기업 아이덴티티와 직결되어 진부하고 퇴보하는 기업이미지를 줄 수 있기 때문이다. 기업의 비주얼 아이덴티티 시스템은 단순한 로고 디자인이 아닌 비주얼 커뮤니케이션의 총체이며, 리뉴얼 작업에는 많은 비용과 시간이 소요되기 때문에 도입부터 여러 상황을 고려하여 체계적으로 디자인되어야 한다.

4 유연성

지속가능성이 시간의 흐름에 대처할 수 있는 시스템의 통시적 개념이라면 유연성flexibility은 활용성을 전제로 하는 공시적 개념으로 이해할 수 있다. 비주얼 아이덴티티 시스템은 광범위한 활용성을 전제로 한다. 특히 오늘날의 대부분 기업들은 서비스 산업을 중심으로 인쇄 매체에서 영상 매체까지 비주얼 아이덴티티를 적용할 범위가 넓어지고 있다. 따라서 매체에 따라 유연하게 변화가 가능한 비주얼 아이덴티티가 요구되고 있다.

　이와 같이 최근 급변하는 사회 환경은 지속가능하고, 다양성과 차별성을 중요시하며, 변화가 용이한 유기적 이미지 커뮤니케이션을 필요로 하고 있다. 이에 이미지로 소통하는 비주얼 아이덴티티는 차별성과 일관성, 그리고 유연성과 지속가능성 등을 동시에 만족시킬 수 있는 방법이며, 현대와 같은 다양성의 시대에 커뮤니케이션을 가능하게 만드는 이미지 통합의 도구라 하겠다.

　이렇게 통합성을 추구하는 아이덴티티의 적용은 기업뿐만 아니라 기업 내부의 다수의 브랜드, 그 산하의 제품들, 각종 이벤트, 전시, 학교와 크고 작은 단체들, 국가 및 도시, 그리고 개인에 이르기까지 다양한 범주와 주체들에 의해 만들어져 사용되고 있다. 여기에서는 아이덴티티의 특성, 다양성과 통합성이라는 과제를 이미지 통합의 방법으로 실현하고 있는 아이덴티티의 사례를 살펴보자.

이미지 통합을 이루는
비주얼 아이덴티티의 사례

미디어 시대의 정보는 시각적이며 다양하고 감성적이라는 특성이 있다. 마샬 맥루한은 미디어론에서 핫 미디어와 쿨 미디어에 대해 정리하고 있다. 핫 미디어는 단일한 감각을 높은 정밀도까지 확장하는 것인 반면, 쿨 미디어는 정밀도가 낮은 정보를 통해 전달하며 수신자의 측에서 매우는 정보를 말한다. 맥루한의 미디어 확장론을 브랜드 이미지에 적용해보면 완성도 높은 단일 메시지를 확실하게 전달하는 귀납적 방식의 아이덴티티를 핫 미디어라 할 수 있으며 특성을 공유하나 가변적 성질을 가진 시각요소를 연계하여 확정하는 방식의 연역적 방식의 아이덴티티라 할 수 있겠다. 정보의 생산자와 소비자가 명확히 구분되던 시대에는 이러한 귀납적 방식, 즉 명확한 메시지를 제작하여 소비자에게 전달하는 것이 효과적이었다면, 미디어 시대인 지금은 정보의 생산자와 소비자가 수시로 바뀔 수 있다. 누구는 생산자가 되고 소비자가 되는 지금의 미디어 정보시대에는 연역적 방식의 연계와 특성, 그리고 가변성을 주어 시각요소를 열린 구조로 구성한 브랜드 이미지를 소비자가 참여하여 사용하게 함으로써 참여의식을 높이고 보다 폭넓은 메시지와 활용도를 갖게 될 것이다. 따라서 개인의 개성이 존중되며 각자의 스타일을 보장받기를 위하는 사람들이 사회의 일원이 되는 현대인들에게 변화 가능한 열린 구조를 통해 참여도를 높이는 방식의 디자인이 필요해진 것이다. 이는 좀 더 폭넓은 이미지를 포괄하게 되며, 다양한 사람들의 다양한 니즈에 대한 충족은 물론 참여도를 높여 브랜드 이미지 전달에 효과적일 것이다.

이와 같이 브랜드 아이덴티티 구축을 위한 시스템 디자인에 있어 여러 표현 방법과 구조가 있을 수 있다. 명확한 상징 메시지를 조직적으로 전달하는 귀납적 방식과 통합이미지를 구성하는 여러 가지 요소를 연계 연결하여 연역적 방식의 디자인이 있다. 이 두 가지 방식의 특성을 살펴보면, 우선 귀납적 방식의 디자인은 하나로 귀결되는 단일 이미지를 명확하게 전달하여 목적 지향적인 명확한 커뮤니케이션이 이루어질 수 있는 디자인 방식이다. 이와 상반되는 방식인 연역적 방식은 브랜드 이미지의 유기적 확장을 가능하게 하는 리좀^rhizome, 뿌리줄기형의 방식이다. 이는 하나의 상징이미지가 아닌 브랜드만의 특징적인 시각 단서^visual cue를 사용하여 아이덴티티를 인지하게 하는 디자인을 말한다.

최근의 아이덴티티 디자인은 정보기술의 발전과 글로벌화 등의 시대적 상황과 다양한 미디어의 활용, 그리고 다양해지는 소비자의 니즈와 스타일 등을 고려하여 확장성이 필요하게 되었다. 확장을 위한 변화와 변화를 가능하게 하는 표현의 폭이 필요하게 되었으며 이를 위한 연역적 방식의 아이덴티티 디자인의 사례가 증가하고 있다.

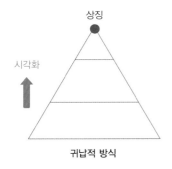

귀납적 방식

● 귀납적 방식과 연역적 방식

연역적 방식

⬛ 롯폰기힐스의 비주얼 아이덴티티 적용 사례_ 롯폰기힐스의 로고타입에서 비주얼 큐를 제공하는 특성적 형태로 디자인된 6개의 나무를 뜻하는 6개의 정원은 로고타입뿐만 아니라 도시 경관에서 노출되는 건물의 외벽을 비롯하여 건물 내 외부의 사인보드(signboard)와 벽면 장식 인쇄물의 디자인, 배너, 각종 패키지류, 문구류, 서식류 등에 다양한 색채와 다양한 크기의 조형의 디자인으로 적용하여 롯폰기힐스라는 브랜드 이미지를 가시화하였다. 또한, 비주얼 큐를 공유하는 통합이미지 표현으로 정체성을 다양하게 표현하여 브랜드 아이덴티티를 전달하고 있으며, 도시적 인공물뿐만 아니라 자연적 소재로 만들어 자연을 느끼기 위한 공간의 한쪽 구석에도 6개의 나무를 의미하는 정원을 비주얼 큐로 한 아이덴티티 디자인을 적용하였다.

자료 : http://parkha.net/wordpress

1 연역적 방식으로 커뮤니케이션을 하는 롯폰기힐스의 비주얼 아이덴티티

조나단 반브룩Jonathan Barnbrook이 디자인한 롯폰기힐스Roppongi Hills의 비주얼 아이덴티티는 연역적 방식의 아이덴티티로 구성하고 있으며, 알파벳으로 표기한 브랜드 명인 roppongi hills에서 영문자들이 만들어내는 특성적 형태를 정원으로 대치하여 6개의 원으로 브랜드명의 의미를 부각시키고 있다. 여기에서의 정원 6개는 비주얼 큐로 활용되고 있으며 여타 요소들을 조합하여 아이덴티티의 다양한 이미지의 확장을 가능하도록 하여 다양한 전개를 가능하게 하는 비주얼 아이덴티티를 보여주고 있다.

롯폰기힐스는 일본어로 6개의 나무를 뜻하는 '롯폰기'에서 착안하여 6개의 원을 고정적 요소로 하여 로고타입의 문자 하나하나 내에 원을 삽입하여 6개의 원을 아이덴티티의 비주얼 큐로 디자인하였다. 로고타입 내에 삽입된 6개의 원들은 고정 요소로 비주얼 큐를 제공하므로 일반적으로 서체 자체가 시각 단서를 갖는 형식에서 구조적 변화를 부여하여 로고타입에 가변성을 확보면서 아이덴티티를 유지한다Jonathan Barnbrook, 2003.

이와 같이 롯폰기힐스에서는 고정요소와 변화요소를 활용하여 브랜드 이미지의 획일적 전달이 아닌 다양하게 변화할 수 있는 요소들로 인한 포괄적 브랜드 이미지를 만들었으며, 변화의 수용이 가능한 유연한 브랜드 이미지를 구축하였다.

롯폰기힐스의 아이덴티티에서 비주얼 큐가 되고 있는 6개의 정원은 다양한 크기와 소재로 표현되어 브랜드 이미지를 적용하는 모든 아이템의 디자인에 활용되고 있다. 홍보를 위한 소책자나 서식류와 같은 종이 인쇄물들로부터 공간 내의 조형물, 그리고 건축물의 외부 사인보드signboard 등의 공간적, 환경적 영역에 이르는 모든 조형물에 적용되고 있다.

2 구조를 열어놓는 유연한 이미지의 오픈 비주얼 아이덴티티 시스템

– 상징적 구조와 구조 속 상징의 변화, 멸종위기 종 복원 프로젝트 아이덴티티

브랜드 이미지를 구축하기 위한 시각적 표현방법은 여러 가지가 있다. 여기

◐ 롯폰기힐스의 로고타입

에서 소개하는 사례는 아이덴티티를 표현하는 상징적 구조와 그 구조 속 조형을 다양하게 조합하여 사용하도록 만들어, 구조적으로 여러 대상을 포괄할 수 있도록 만들어진 오픈 비주얼 아이덴티티이다. 구조가 열려 있다는 것은 그 대상과 범위 등에서 유연하게 적용할 수 있음을 의미한다.

오픈 시스템open system은 폐쇄 시스템closed system에 대조되는 개념으로 시시각각 다변하는 21세기 현대 정보사회에서 외부환경과 상호작용할 수 없는 폐쇄 시스템의 한계로 인해 1950년대부터 1970년대까지 급속히 발전한 논리이다Hart, D. N. and Gregor, S. D., 2005. 오픈 시스템은 개방성이 강조된 시스템으로 이해할 수 있다. 오픈 시스템은 '부분과 부분이 유기적으로 결합하며, 외부환경과 상호작용이 가능한 살아 있는 시스템living organicism'을 뜻한다. 오픈 시스템의 주목할 만한 특징은 역동적인 균형dynamic equilibrium의 항상성homeostasis이며, 이는 환경과의 피드백으로 가능하게 된다.

시스템System, 체계의 사전적 정의는 요소의 집합, 요소와 요소 간의 집합으로 목적 달성을 위해 공동 작업하는 조직화되고 상호작용하는 구성 요소의 집합을 뜻한다. 시스템 이론System Theory은 1937년 오스트리아의 이론 생물학자인 베르탈란피Bertalanffy가 여러 학문 분야의 통합을 위한 공통적 사고와 연구의 틀을 찾으려는 노력으로 발표한 이론이다. 베르탈란피 이후 시스템 이론은 여러 학문 분야로 확대되었으며, 경제학자 Boulding K.

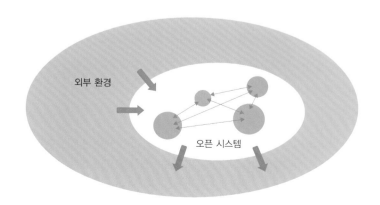

외부 환경

오픈 시스템

▶ 오픈 시스템 다이어그램

E.[1956]는 시스템의 개념을 모든 학문 영역에 적용하는 일반 시스템 이론General System Theory의 기본 골격을 제시하였다.

오픈 시스템은 복잡 다변한 시대상황에서 외부 환경과 상호작용interaction을 할 수 없는 폐쇄 시스템Closed System의 한계로 인해 1950년부터 70년대까지 급속히 발전하였다Hart, D. N. & Gregor, S. D., 2005. 오픈 시스템은 부분과 부분이 유기적으로 결합하며, 외부 환경과 상호작용이 가능한 살아 있는 시스템Living Organicism이다. 오픈 시스템의 주목할 만한 특징은 역동적인 균형Dynamic Equilibrium의 항상성homeostasis이며, 이는 피드백feedback으로 가능하게 된다.

오늘날의 비주얼 아이덴티티 시스템은 과거보다 유기적인 모습으로 변모하고 있다. 과거의 비주얼 아이덴티티 시스템이 통제 방식의 사이버네틱 시스템Control Mechanism, Cybernetic System이었다면 오늘날의 비주얼 아이덴티티 시스템은 시스템의 유형 중 복잡성, 개방성, 적응성이 보다 높은 오픈 시스템으로의 변화로 볼 수 있다.

비주얼 아이덴티티에서 오픈 시스템은 로고타입, 심벌, 캐릭터와 같은 구성요소를 자유롭게 조합할 수 있는 시스템적인 구조로 명명된 바 있다이현주, 2009. 오픈 비주얼 아이덴티티 시스템Open Visual Identity System, OVIS은 '비례, 대칭, 그리드 등의 조형적 구조와 형태, 컬러, 재질, 움직임 등의 시각 요소가 내부, 외부 환경에 따라 자유롭게 조합되고 창조되어 유기적으로 확장, 변화 가능한 비주얼 아이덴티티 시스템'이 되며, 오픈 비주얼 아이덴티티 시스템OVIS는 유기적 아이덴티티, 지속가능한 아이덴티티, 가변적 아이덴티티 등을 위한 비주얼 아이덴티티 시스템으로 활용될 수 있다.

오픈비주얼 아이덴티티 시스템의 사례로는 멸종위기 종 복원 프로젝트 아이덴티티가 있다. 이는 열린 구조를 가지고 대상과 범위의 표현을 시각적 조형 요소의 변형을 통하여 대상을 포괄하는 통합적 이미지를 나타낼 수 있도록 한 아이덴티티 디자인이다. 이 프로젝트는 환경부에서 실시하고 있는 종 복원 프로젝트로 멸종위기에 처한 216종의 동식물을 보호하고 그들의 삶의 환경을 복원하는 것을 목적으로 하는 프로젝트이다. 멸종위기에 처해 있는 종을 보호하기 위해 지리산에 방생된 천왕이로 알려진 반달가슴곰이 그 주인공 중 하나이다. 그 외에 216종의 동식물들이 보호대상으로 되어 있다. 대표 캐릭터로 내세우고 있으나, 반달가슴곰의 보호만을 위한 단발성의 프로젝트가 아닌, 200종이 넘는 바다생물, 육지생물, 하늘에서 사는 생물들을 모두 보호 복원하는 것을 목표로, 장기적이며 여러 가지 생물을 대상으로 이어져 나가야 할 거대 프로젝트인 것이다. 이와 같은 프로젝트의 범위와 보호대상 동식물들을 모두 주인공으로 홍보하기 위하여 그들이 사는 영역을 알리고, 나아가서는 이 모든 동물들이 환경부의 동일한 프로젝트 내용임을 알리기 위해 비주얼 아이덴티티

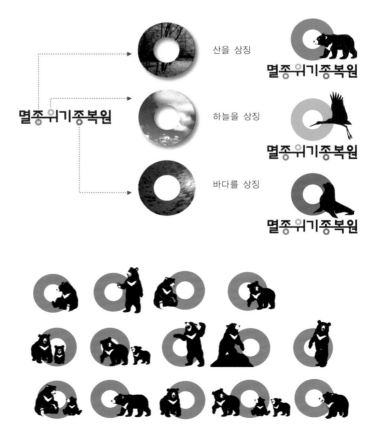

의 조형적 구조를 열린 구조, 즉 오픈 비주얼 시스템 디자인으로 전개하
는 것이다. 이는 구조적으로 열린 구조와 통일성을 가진 전개방식 등으로
비주얼의 체계를 인식하여 그 내용을 전달할 수 있도록 디자인한 것이며,
오픈 비주얼 아이덴티티 시스템으로 만들어진 비주얼 시스템이 통합된 하
나의 강력한 이미지를 표현하게 된다. 아이덴티티의 시각 요소는 기하학
적 링과 생물의 실루엣, 그리고 로고로 이루어져 있다. 생물들의 삶의 환
경을 녹색green, 하늘색sky blue, 군청색sea blue의 3색 링으로 상징화하여 표현
하였으며, 링과 함께 표현된 생물의 실루엣은 보호의 대상이 되는 생물들
을 표현하였다. 이 2가지의 조합을 통해 공통성과 다양성으로 프로젝트

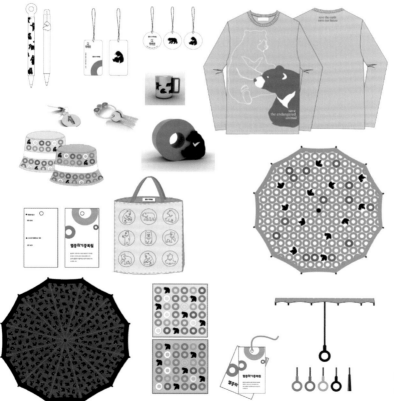

● 멸종위기 종 복원사업 프로젝트
아이덴티티 매뉴얼

의 다양한 범위를 인식할 수 있다. 3가지 색은 각각 녹색은 육지 영역, 하늘색은 하늘 영역, 군청색은 바다 영역을 뜻하며, 이러한 동일 구조의 변화는 이들을 모두 포괄하는 하나의 아이덴티티를 표현하고 있다. 이에 동식물의 캐릭터를 조합하여 사용하는 구조이다.

여기에 삽입하는 캐릭터는 보호 대상이 되는 동식물 종으로 삽입하여 아이덴티티를 완성하는 시스템으로 되어 있다. 캐릭터의 제작은 보호대상의 동식물 실제 모습의 실루엣으로 캐릭터를 제작하도록 제안하였으며, 하나하나에 상징화 작업을 하지 않아도 사용자가 직접 구현 가능한 방법을 제안하고 있다. 이러한 캐릭터 기법은 동식물의 생명을 소중히 생각하게 하는 사실적 기법으로 수행이 가능한 간단한 제작지침을 제정하였다. 따라서 구조적으로 열린 구조를 가졌으며 표현에서도 공통의 비주얼 패턴을 만들어 낼 수 있으면서 제작이 용이한 방법으로 사용자가 완성할 수 있는 캐릭터 표현의 기법을 열어 놓았다.

브랜드 아이덴티티는 시각화된 언어를 통해 내용과 개념을 전달하여 느끼고, 행동하게 하는 커뮤니케이션을 위한 종합적 전략이라 할 수 있다. 이와 같이 브랜드 비주얼 아이덴티티는 단순히 상징물을 가시화하는 표현적 CI의 영역에 머무르는 것이 아닌, 브랜드를 통해 새로운 문화를 창조하고 철학적 배경을 기반으로, 이를 개념화하고 행동하고 소통하여 새로운 환경을 이끌어 브랜드의 내용을 중심으로 하는 통합 이미지와 비전을 제시할 수 있어야 한다. 이러한 관점으로 볼 때 디자인은 심미적 표현의 영역이 아닌, 사회적·문화적·경제적 경쟁력을 만들어 내는 힘이라 할 수 있다. 브랜드의 이미지를 소통하는 비주얼 아이덴티티는 새로운 이미지 표현기법과 소통을 위한 매체의 활용을 뛰어넘어 브랜드 전략을 총체적으로 소통하는 새로운 가치와 문화를 창조하는 것이어야 할 것이다. 따라서 브랜드 디자인은 문화적 복합체라 할 수 있으며, 문화를 만들어 내는 전통, 신념, 지식, 인재, 경제, 라이프스타일 등을 포함하는 광범위한 영역으로 확장하여 생각해야 한다.

3 조형의 구조적 특성을 활용하여 브랜드이미지를 만든 비주얼 아이덴티티
브라운Browns사가 디자인한 스탠더드8Standard8의 비주얼 아이덴티티 시스
템은 숫자 '8' 8개를 45° 씩 기울인 기하학적 형태를 비주얼 아이덴티티로
하였다. 숫자 '8'을 연속하여 회전 복사함으로 생성되는 구조를 비주얼 큐
로 삼았으며 '8'의 형태가 갖는 독특한 구조를 활용하여 획의 성질 세리
프의 특성 등 서체를 구성하는 요소가 변경되어도 생성된 조형에 일정한
구조체가 생성되며 그 형태를 비주얼 큐로 삼은 것이다.

로고타입을 구성하는 서체는 푸투라futura, 베스커빌baskerville, 그로테스
크grotesk, 아거스argus, 그리드닉gridnik, 애슬레틱athletic, 아티큘라articula, 밀라
노milano의 8개를 사용하였다. 이로써 스탠더드8은 특성적 구조를 비주얼
큐로 하는 아이덴티티 표현의 방식으로 브랜드의 이미지를 다양하게 확
장하면서도 아이덴티티에 혼동을 주지 않는 시각 표현의 범주를 성립하
였으며, 다양한 표현을 하나의 이미지로 통합적으로 전달하고 있다.

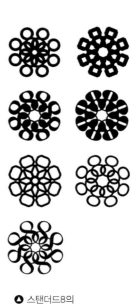

▲ 스탠더드8의
비주얼 아이덴티티
자료 : http://www.standard8.com

4 시각적 내러티브를 활용하여 커뮤니케이션하는 이미지 통합
디지털 기술의 발전으로 시각 표현의 영역이 2차원 평면2D에서 3차원 입
체3D, 3차원에서 시간과 공간의 4차원4D으로 확장되었으며 받아들이는 사
람의 감각적 측면으로도 오감을 활용하여 지각하는 공감각화되고 있다.

◀ 멜버른의 시티 아이덴티티

비주얼 아이덴티티 디자인 역시 표현의 범위가 확장됨에 따라 아날로그 방식에서 디지털 기술을 활용한 방식으로 변화하고 있다.

정보 표현의 공감각화는 시각과 사고의 확장을 유도하는 시각적 내러티브^{visual narrative}를 구성한다. 시각적 내러티브의 대표적인 사례는 방송에서의 채널 아이덴티티^{Channel Identity}로 움직임^{movement}과 관련이 깊다. 정보의 움직임은 일련의 이야기를 형성하고 아이덴티티 해석에 있어 사용자의 적극적인 참여를 유도한다. 앞서 맥루한의 미디어 확장이론에서도 설명한 바와 같이 밀도 낮은 특성적 시각요소를 갖는 정보는 사용자의 참여를 불러일으키는 것이다.

내러티브는 수신자의 해석에 의해 의미가 완성되며 수신자의 상황에 따라 그 해석이 다양할 수 있다. 따라서 시각적 내러티브를 활용한 비주얼 아이덴티티는 사용자의 능동적인 참여를 수반하고 사용자와 브랜드 간의 개별적인 관계 형성에 기여하게 되는 것이다.

호주의 멜버른은 수도 시드니 다음으로 큰 도시이자 국제 무역도시이

⬥ 멜버른의 시티 아이덴티티   ⬥ 멜버른의 시티 아이덴티티 활용 사례

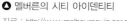
자료 : http://www.melbourne.vic.gor.au

다. 멜버른은 국제적으로 그 다양성, 혁신성, 지속성, 그리고 역동성을 지닌 진보적인 도시로 도시이미지 브랜드화를 시도하였다. 멜버른은 진보도시라는 특성을 역동적이며 다양하고 새로운 이미지를 전달하는 통합이미지디자인을 진행하였다. 원래 도시란 정치·경제·문화의 중심이 되며, 많은 사람들이 모여 사는 곳, 즉 문화를 소비하며 경제활동을 하는 많은 사람들이 모이는 공간을 의미하며, 사람들이 살아가는 삶의 공간이다. 문화와 경제, 생활의 공간을 복합적 도시공간에 적용하기 위하여, 기존의 구조와 조직이 강조되었던 본질적 도시의 이미지에서 벗어나 유연한 이미지의 도시로 많은 변화를 이루었다.

호주의 멜버른은 도시의 브랜드를 만들어 가고자 시티 아이덴티티를 새롭게 디자인하여 다양한 표현방법으로 응용하여 적용하고 있다. 이 아이덴티티 디자인은 멜버른의 세련된 감각과, 시민들의 열정을 반영하고, 통합적이며, 유연한 구조를 적용한 새로운 형태의 아이덴티티 시스템이라 하겠다.

국제도시 멜버른은 아이덴티티 디자인을 통해 미래도시의 이미지를 표현할 수 있는 결합력 있는 브랜드 전략으로, 경제적 효율성과 매체 적용력을 향상시켜 멜버른의 도시 브랜드를 다양한 프로그램에 적용하도록 하였으며, 시각적 디자인뿐만 아니라, 각종 서비스와 이벤트를 통해 도시

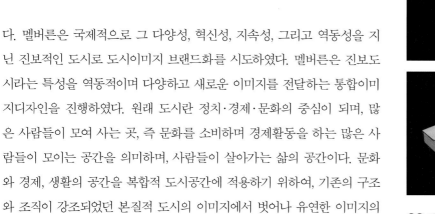

∞ 멜버른의 시티
아이덴티티 활용 사례

를 이루는 서로 다른 다양한 범위를 도시 브랜드의 이미지로 통합하는 일을 가능케 하였다. 멜버른의 시티 아이덴티티 디자인의 비주얼 큐는 획이 굵은 'M'으로 형상화하였으며, 창조성, 문화성, 지속성, 다양성과 미래를 아이콘으로 도시의 단일 브랜드를 구축하였다. 이러한 다양성의 브랜드를 위해 도시의 이미지를 다각적으로 인식할 수 있는 유연한 정체성을 표현하였으며, 도시의 이미지를 하나의 강한 마스터 브랜드로 만들어 멜버른의 새로운 정체성을 구축하고자 한 것이다. 이는 보다 다양한 커뮤니케이션을 가능하게 하며, 브랜드의 개성과 조직적 구조를 함께 지각시킬 수 있는 열린 구조의 비주얼 아이덴티티 시스템이라 할 수 있다. 구조가 열려 있다는 것은 다른 요소를 첨가하여 조합 또는 변형을 통해 통합할 수 있다는 것을 의미한다.

멜버른을 암시하는 알파벳 M을 직선적이며 매우 굵은 형태로 표현한 심벌마크와 현대적 이미지의 로고타입을 좌우 조합으로 결합한 멜버른 시티의 시그니처이다. 심벌마크인 M의 내부를 구성하는 선과 면의 표현은 자유롭고 유연하게 표현되어 있다. 멜버른은 심벌과 심벌마크 내부의 M자를 구성하는 직선의 유연한 패턴을 인쇄물과 서식류, 그리고 도시 공간에 사용되는 각종 사이보드와 공사장 팬스와 공연장 거리의 구조물 등 다양한 장소와 매체, 그리고 다양한 공간에 유연하게 적용하여 디자인하였다. M의 형태가 보이지 않아도 패턴으로 M을 연상할 수 있게 디자인되었다. 도시를 구성하기 위해 필요한 요소, 도시의 기능을 하기 위한 행정, 경제·문화활동 등을 하기 위해 필요한 요소 등 각 용도와 공간에 다양하게 응용·적용이 가능한 유연한 디자인이다.

5 다양한 기본조형 요소를 활용한 통합이미지의 아이덴티티

워커 아트센터의 비주얼 아이덴티티는 매우 유연한 구성이 가능하며 정해진 조형을 시스템적으로 구성된 구조 속에 넣음으로써 아이덴티티 이미지를 생성하도록 되어 있다. 이는 오픈 시스템의 논리로 해석이 가능하며

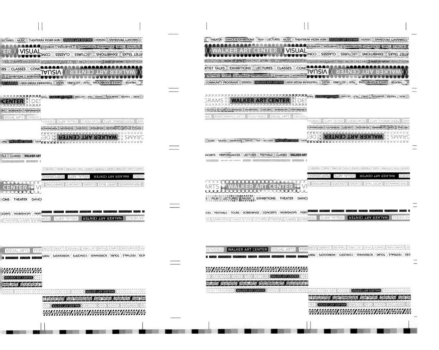

◀ 워커 아트센터
아이덴티티 적용 이미지

핵이 되는 다양한 조형 요소들과 그 요소들의 조합으로 다양한 비주얼을
연출하고 있다. 이것은 하나의 아이덴티티와 통하는 통합이미지를 구현하
고 있는 것으로 볼 수 있다.

워커 아트센터는 2005년, 시간이 지남에 따라 성장하고 변화할 수 있
는 아이덴티티 시스템을 개발하고자 했다. 단어, 색, 질감 등 몇몇 요소들
에 변화를 주더라도 동일한 아이덴티티로 인식할 수 있는 특정한 제스처
gesture를 두어 시각적으로 눈에 띄면서도 개념적, 기술적으로는 독특하도
록 하였다. 앤드루 블라우벨트Andrew Blauvelt의 주도 아래 진행된 본 프로젝
트의 아이덴티티는 활자 디자이너 에릭 올슨Eric Olson과 함께 개발되었다.
1995년 매튜 카터가 디자인한 워커체를 활용하였으며, 비주얼 아이덴티티
시스템은 하나의 서체 기능을 갖게 되었다. 그 결과, 워커 아트센터의 아
이덴티티는 시시각각, 또한 사람과 장소에 따라 다양한 서체와 크기로 변

모함에도 불구하고 강력한 시각 아이덴티티를 구축하게 되었다. 이는 사용자가 일관성을 느끼는 범위를 시스템이 조직적으로 관리해 주기 때문에 가능한 일이었다. 예를 들어 색상은 변화하더라도 비비드^{vivid}한 톤은 일정하게 유지된다.

6 다양한 시각적 텍스처와 스토리를 활용한 구글의 비주얼 아이덴티티

인터넷 검색 사이트 구글은 적극적으로 로고의 표현기법을 다양하게 변형하고 디자인하여 사용자들에게 신선한 즐거움을 제공하고 있다. 구글의 로고 변형은 표현하고자 하는 주제에 따라 다양하게 변형되어 하루 동안 구글의 메인 화면에 게재된다. 기본이 되는 요소를 유지하며 구글의 이미지를 통합적으로 만들어가고 있다.

구글의 다양한 로고의 전개는 구글에서 찾을 수 있는 수많은 새로운 정보와 지식들을 구글의 경쟁력으로 삼고 다양한 정보를 아이덴티티로 상징화하기 위한 하나의 방법일 것이다. 또한 그 다양한 메시지에 스토리를 담아 표현함으로써 사람의 기억에 남는 포괄적 이미지를 생성함이다. 이렇듯 다양함을 아이덴티티에 담기 위해서는 역시 체계와 구조의 측면에서 유연성이 필요하다. 구글은 아이덴티티의 구조를 확립한 후 비주얼의 요소를 다양하게 변화시키는 방법으로 다양한 이미지를 포괄하여 하나의 아이덴티티로 표현하며, 역으로 하나의 아이덴티티를 다양한 모습으로

▶ 구글 로고
© Google

풀어내어 보다 폭이 넓고 깊은 소통을 가능하게 하고 있다. 이는 고정적이던 비주얼 아이덴티티가 다양하게 변화할 수 있음을 시사하고 있다.

　이와 같이 여러 사례들을 통해 보았듯이 브랜드를 통한 통합디자인은 이미지를 이루는 조형 요소들을 통해 사람의 감성에 감동을 줄 수 있는 메시지와 이미지 스토리 등을 포괄적이며 섬세하게 전달한다. 디자인의 결과물에 다양하게 적용하며 미디어를 통한 커뮤니케이션에 체계적인 전달이 이루어지도록 하는 포괄적이며 섬세하고 다양한 디자인 수행을 위해서는 디자이너의 통합적 사고와 디자인 수행에 있어 통합적 방법을 활용한 접근이 필요하다.

통합적 사고와 디자인 코디네이션

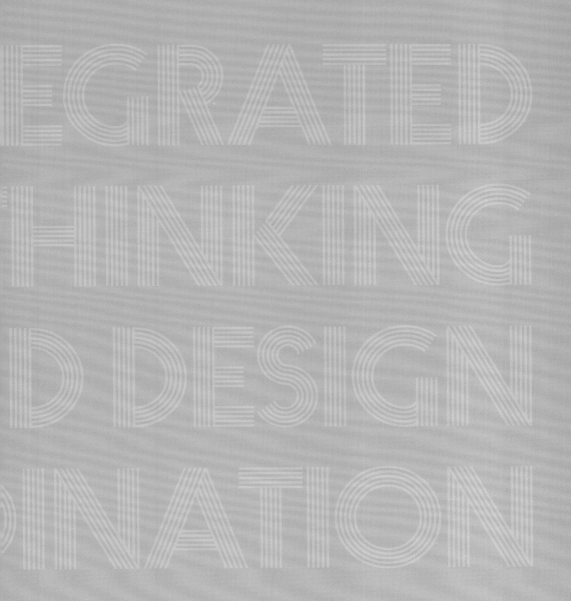

통합적 사고와 디자인 코디네이션

Integrated Thinking and
Design Coordination

디자인 코디네이션으로의
통합디자인

통합디자인은 하나의 목표를 위해 여러 전문성이 협력하는 새로운 디자인 방법으로, 복잡하고 복합적인 디자인 문제를 해결하는 개념이다. 이러한 관점에서 보자면 하나의 통일성 있는 이미지를 구현하기 위한 디자인 코디네이션 역시 통합디자인의 한 유형이라고 볼 수 있다. 디자인 코디네이션은 새로운 방법은 아니지만 실무 디자인에 있어서 통일된 관점으로 디자인 요소들을 통합하며 보다 더 강력하고 효과적인 이미지를 이끌어 내는 방법으로 활용되어 왔다.

아파트, 학교, 백화점 등은 특정 목적을 위해서 계획되고 시공되지만, 건축물의 목적에 부합하도록 잘 활용하기 위해서는 건축 디자인 이외에도 실내디자인, 조명디자인, 가구디자인, 설비디자인, 제품디자인, 시각디자인, 색채디자인 등 다양한 분야가 협력해야만 성공적인 결과물로 이끌 수 있다. 이때 각 디자인 분야는 비록 기본적인 콘셉트를 공유한다 하더라도 전체를 하나로 이끌어 내기 위해서는 디자인 프로세스와 의사결정과정에서 건축의 목표에 부합하는 하나의 방향으로 조정해 나가는 통합디자인 관점의 코디네이션이 필요하다. 일반적으로 이러한 조정 업무를 수행하는 사람을 '디자인 코디네이터' 또는 '아트 디렉터'라고 부른다.

그러나 디자인 코디네이션은 대부분 클라이언트의 몫이 되는 경우가 많다. 인테리어, 제품 및 시설물, 사인시스템 등의 디자인이 필요한 경우 클라이언트는 디자인 용역을 분야별로 맡기고, 전체에 대한 선택 및 조정은 클라이언트가 직접 지휘하는 경우가 많다. 이러한 경우 클라이언트는 통합적 관점이 부족하기 때문에 결과물에 통일성이 결여되는 경우를 흔히 볼 수 있다. 따라서 디자이너는 어떤 한 부분의 디자인을 의뢰받았을 경우, 전체적인 범위가 어디까지인지, 다른 분야는 어떻게 진행되는지, 이미 진행된 내용은 무엇인지 등 전체적 코디네이션을 고려하여 통합적 개념으로 접근해야 할 필요성이 있다.

디자인 코디네이션
개념

디자인 코디네이션은 디자인 대상이 지닌 의미를 시각적·물리적 매체를 통해 구체적으로 전달하는 과정에서 디자인 요소들의 특성과 요소 간의 관계를 조정함으로써, 그 개념 전달의 효과와 디자인의 상징성을 높이는 데 의의가 있다. 이처럼 디자인을 특정한 목적에 부합하도록 하기 위해 기능과 함께 심미적·상징적 문제들을 해결하는 디자인 코디네이션은 실무적인 필요에 의해 오래 전부터 그 전문성이 인정되어 왔다. 색채 코디네이션, 인테리어 코디네이션, 패션 코디네이션에 이어 최근에는 메이크업 코디네이션, 푸드 코디네이션 등 모든 디자인 분야에서 코디네이션의 중요

▶ 푸드 코디네이션 사례_
정원(garden)을 콘셉트로
배열한 파티 음식
© 여미영

성을 인식하고, 코디네이터라는 전문 직종이 증가하고 있다. 이는 각 디자인 분야가 서로 융합되어 전체를 하나의 결과물로 완성하는 통합적 관점의 노력인 것이다.

디자인 코디네이션은 그저 보기 좋게 꾸미는 작업이 아니라 디자인의 의미를 전달하기 위한 방법이기 때문에 전체를 파악하는 관점이 필요하다. 현실적인 상황에서 볼 때 디자인 코디네이션은 주로 상업적 목적에서 활용되기 때문에 그 성과에만 집중하고 그 결과가 사람들에게 어떤 의미로 받아들여지는가에 대한 진정한 소통의 부분이 결여되기 쉽다. 다시 말해, 디자인 코디네이션은 표면적인 만족감이나 일회적인 효과에 치중되기보다는 의미전달에 대한 진정성 있는 인식이 필요하다.

예를 들어 학교의 인테리어 코디네이션이 이루어졌다면 세부적인 부분들이 기능성에 부합되어 학생들에게 심리적 안정감이나 학습효과에 도움을 주고 있는지, 나아가 전체로서의 통합적 이미지가 학교의 이념과 목적에 부합되고 있는지에 대한 피드백 시스템으로 소통의 의미를 확인해야 한다.

일본의 그래픽 디자이너 나카시니 모토는 1970년대 후반 '경영전략으로서의 디자인 코디네이션Design Coordination as a Management Strategy, DECOMAS'이라는 새로운 개념을 창안하여 디자인 코디네이션의 효시적 역할을 하였다. 이 데코마스의 개념은 기업의 모든 디자인 활동을 조정 통합시켜 기업의 이념, 성격, 목표 등을 정확하게 전달함으로써 강력한 경영전략으로 활용하려는 것이다. 데코마스는 기업의 실상과 대중이 갖는 이미지를 동일하게 투영하려는 전략으로서, 다국적 기업활동의 원활화, 이미지 차이gap의 축소, 새로운 기업상 창조, 기업의 비전 제시 등의 효과를 위해 활용되고 있다. 오늘날에는 전 세계적으로 기업 아이덴티티 프로그램Corporation Identity Program, CIP으로 불리며 상표, 로고, 서체 등의 기본 요소 외에도 차량, 유니폼, 각종 서식 등 기업을 상징하는 모든 시각 매체에 적용함으로써 기업 이미지 통합을 위한 방법으로 널리 활용되고 있는 통합디자인 사례이다.

　CICorporate Identity뿐만 아니라 모든 디자인 코디네이션은 디자인 결과물이 내포한 의미를 전달하는 상징성의 관점에서 볼 때 커뮤니케이션의 역할을 한다. 즉, 디자인 결과물은 코디네이션 내용에 따라 단순한–복잡한, 차가운–따뜻한, 현대적인–전통적인, 정적인–역동적인 등의 의미를 전달한다. 따라서 디자인 코디네이션은 디자인에 관련된 모든 요인과 요소가 목표로 하는 이미지에 잘 부합되도록 하는 통합디자인의 대표적인 사례

● 대학의 이념과 상징성을
강력하게 전달하는
대학 아이덴티티 사례
ⓒ 연세대학교

라고 할 수 있다.

　디자인이 해결해야 할 많은 문제를 다루는 과정에서 기술, 기능, 재료, 구조, 인터페이스 등의 문제는 다양한 전문가와 협업할 수 있지만, 결국 최종적인 조형적 코디네이션의 문제는 디자이너에게 남겨진다. 즉, 조형을 통해 이루어지는 심미적·상징적 문제해결의 역량은 디자이너에게 있어서 무엇보다도 중요한 기초 체력과 같은 것이다. 작게는 하나의 제품에 다양한 요소를 배치하는 작업에서부터, 크게는 거대한 빌딩을 채우는 사물의 배치나 기업의 이미지를 전달하는 CI 프로그램까지 통합적 개념의 디자인 코디네이션은 폭 넓게 활용되고 있다.

디자인 코디네이션
원리

디자인 코디네이션은 디자인 대상에 투입되는 추상적 개념, 의미, 상징, 이념 등을 시각적·물리적 매체를 통해 구체적으로 전달하는 과정이다. 또한, 이 과정에서 디자인 요소들 간의 관계를 조정함으로써 개념 전달의 효과와 디자인의 상징성을 높이는 데 그 의의가 있다. 예를 들어 디자인 대상이 병원공간이라면 그 개념이나 의미는 치유, 돌봄, 건강, 예방 등이 될 수 있고, 상징이나 이념은 의술, 역사, 신속, 믿음, 봉사 등이 될 수 있다. 이러한 추상적 요인을 공간구성, 환경색채, 의료설비, 의료진 근무복, 가구 집기 등의 디자인 통합계획을 통해 효과적으로 전달하는 것이 디자인 코디네이션의 목적이다. 따라서 디자인 코디네이션을 위해서는 무엇보다도 추상적 요인의 파악이 우선되어 디자인의 방향과 개념을 언어적으로 명확히 설정해야 한다.

　또한, 디자인 코디네이션은 시각적·물리적 매체를 구성하는 구체적 요인인 선, 형태, 재료, 색채, 패턴, 모티프, 방향, 크기 등의 조형 요소들을

통일성과 조화를 이루는 조형의 원리와 사람들이 사물을 보는 방식인 시
지각 원리에 따라 배치함으로써 심미성을 높이는 데 기여한다. 변화 있는
통일성과 대비를 통한 조화가 창의적 생각을 표현해 내는 주요 원리가 되
며, 이러한 관점에서 디자인 코디네이션은 디자인의 상징성뿐만 아니라
조형성에 기여하는 부분으로 간주된다.

디자인 코디네이션은 부분과 전체의 관계를 조정하는 작업이므로 단편
적 이미지episodic image의 나열이 아닌 총체적 이미지holistic image의 형성을 목
표로 한다. 따라서 디자인 코디네이션의 과정에서 추상적 요인을 파악한
후, 디자인 콘셉트를 이끌어 내는 과정에서는 대 주제를 중심으로 이와 연
관된 하부 주제들을 설정하고, 이를 표현할 수 있는 모티프들 간에 있어서
상호 연관성에 주의를 기울여야 한다. 요약하면 디자인 코디네이션의 목표
는 부분들 간의 상호 연관성에 의해 전체적인 상징성을 높이고 심미적 완
성도를 높이려는 것이다.

디자인 코디네이션
프로세스

디자인 과정에 있어서 조형의 단계에서 이루어지는 대부분의 작업은 코디
네이션 개념이 바탕이 되는 것이다. 한 장의 일러스트레이션에 있어서도
그 주제와 강조점, 스토리와 은유, 통일성과 여운을 고려하며, 디자인의
의도와 의미를 전달하기 위해 모든 감각적 요소들을 세심하게 배려한다.
디자인의 목표는 디자이너 자신이 아니라 디자인 사용자이므로 사용자
를 위한 통합적 환경을 만드는 데 있어서 디자인의 영역이나 분야에 의한
경계는 무의미하게 되었다. 즉, 작품 하나하나가 중요한 것이 아니라 그것
들이 모여서 만들어 내는 총체적인 통합적 효과, 일관성 있는 환경의 완성
이 중요하다. 이처럼 디자인은 통합적 대상이나 환경의 완성이라는 최선

의 목표를 향해 보다 이해하기 쉽고, 오래 기억되며, 심미적 즐거움을 누릴 수 있는 작업이 되어야 한다. 따라서 이러한 의미에서 모든 디자인은 커뮤니케이션이며, 디자인에 사용된 모든 조형 요소들은 의미 있는 기호이며 언어가 된다. 디자인 코디네이션의 주안점은 다음과 같다.

제1단계: 디자인 대상과 범위의 확인

디자인 코디네이션의 대상은 개인의 이미지 메이킹으로부터 도시환경이나 국가 이미지에 이르기까지 그 대상과 범위가 매우 다양하고 폭넓다. 생활환경에 있어서는 개인의 생활공간에서부터 소규모의 상점, 대규모의 전시장, 학교, 회사, 기업체, 사무공간, 관공서, 박물관 등에 이르기까지 우리가 접하는 환경 전체가 모두 디자인 코디네이션의 대상이라고 해도 과언이 아니다.

 디자인 대상의 성격과 종류에 따라 코디네이션의 요소와 범위를 세부적으로 설정할 수 있다. 예를 들면 과제의 종류를 식당으로 설정하였을 경우, 코디네이션의 범위는 상호, 로고, 간판 등의 시각요소, 벽, 바닥, 천정, 문, 창문 등의 실내 요소, 가구, 조명, 집기 등의 설비 요소, 장식물, 예술품, 소품 등의 장식 요소가 포함될 것이다. 또한, 서울 시내를 여행할 수 있도록 도와주는 관광프로그램을 제공하는 회사라면 회사의 심볼, 로고, 관광버스, 안내 리플릿, 안내원의 유니폼 등 여행자가 접하는 모든 요소들이 그 범위가 될 것이다.

 디자인 대상과 범위의 관계는 코디네이션 과정에서 매우 중요한 설정이다. 과제의 범위가 아무리 작더라도 전체 대상에 대한 고려를 배제할 수 없다. 많은 경우에 이러한 고려가 배제됨으로써 코디네이션의 기본 개념이 무너진다. 예를 들면 디자인 코디네이

⬇ 서울의 야간 투어프로그램 개발을 위한 디자인 대상과 범위의 사례
ⓒ 양정윤, 정영빈

션의 과제가 한 학교의 식당이라고 가정했을 때, 이 과제의 대상은 특정 학교이고, 그 학교의 전체적인 개념에서 벗어날 수 없다는 사실이 쉽게 간과된다. 이처럼 주요 대상은 제외된 채 디자인 범위에만 대응하다 보면 모든 학교의 식당이 동일한 모습이 되는 것이다. 영화 의상을 코디네이션할 때에도 각 장면들이 작업의 범위라 하더라도 중요한 대상은 영화 전체인 것과 마찬가지다. 따라서 디자인 범위의 설정 과정에서 궁극적 디자인 대상은 중요하게 다루어져야 한다.

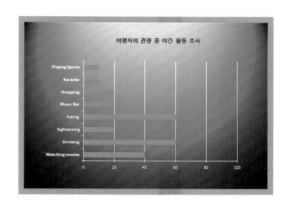

● 서울의 야간 투어프로그램 개발을 위한 여행자 야간 라이프스타일 조사 사례
© 양정윤, 정영빈

제2단계: 디자인 대상의 배경조사

디자인 사용자의 특성, 라이프스타일, 디자인 트렌드, 디자인 대상이나 공간의 지역적·문화적 특성, 주간·야간 등 시간대별 사용 특성 및 사용 빈도 등에 관하여 필요한 정보를 조사하고 분석하여 디자인 콘셉트를 위한 배경 자료로 활용되어야 한다. 필요에 따라서는 주변 지역과의 차별화, 또는 조화를 이루기 위해 주변 자료도 수집한다. 이때 디자인 범위에 대한 조사뿐만 아니라 디자인 대상에 대한 조사들이 함께 이루어지는 것이 유용하다.

특히, 제품디자인과 같이 독립적인 아이템을 디자인하는 경우에 디자인 코디네이션의 개념을 놓치는 경우를 흔히 발견할 수 있다. 즉, 상품 전시대에서는 훌륭해 보이지만 생활환경에서는 어떤 장소에도 어울릴 수 없는 현란한 제품들이 무수히 많다. 어떤 장소에서 어떻게 사용될 제품인지에 대한 통합적 배경조사에 진정한 관심을 갖는다면 이러한 문제들을 줄여 나갈 수 있을 것이다.

△ 서울 야간 투어프로그램의
로고, 리플릿, 관광버스,
기념품 등의 통합디자인 사례
ⓒ 양정윤, 정영빈

제3단계: 디자인 콘셉트의 설정

콘셉트는 디자인 코디네이션 진행의 출발점
이다. 어떠한 생각과 의미를 담을 것인가, 어
떠한 연상을 불러일으킬 것인가, 어떠한 이
야기를 담고 어떠한 여운을 남길 것인가 등
이러한 문제들이 사전에 계획되지 않고서는
디자인의 진행 과정에서 일관성을 유지하
기 어렵다. 따라서 디자인의 대상과 범위를
설정하고, 배경조사 내용을 분석하여 정리
한 후, 디자인 코디네이션의 전개 방향과 주축을 이루게 될 주요 개념을
정리한다. 즉, 배경조사에서 폭넓게 일반적 경향을 조사하였다면 그 내용
중에서 새로운 디자인 방향을 발굴하는 창의력을 요하는 과정이다.

디자인 결과물을 체험하면서 그 속에 담긴 의미를 해석하고 느끼는 과
정이 가능하다면, 당연히 디자인 코디네이션 전 과정에 다양한 생각과 의
미를 투입함으로써 의미 있는 결과물을 창출하는 일도 가능하다. 따라서
디자인 개념은 디자인 전 과정에서 조형 요소의 선정과 배치에 개입되는
중요한 가이드라인이 된다.

제4단계: 디자인 요소에 콘셉트 적용

디자인 대상에 따라 디자인 요소는 천차만별이다. 거대한 호텔의 경우라
면 로비, 식당, 연회장, 객실 등 각 공간별로 내장재, 가구, 조명, 유니폼, 메
뉴, 테이블 세팅 등 선택해야 할 디자인 요소가 수백 가지일 수도 있다. 그
러나 디자인 코디네이션은 디자인 요소의 수에 관계없이 기본 콘셉트와
공간별 하부 콘셉트를 기반으로 하며, 논리적, 감각적으로 충실하게 적용
해 나가는 것이 중요하다.

커뮤니티를 살리는 디자인 코디네이션,
인사동 11길 프로젝트

통합디자인으로서의 디자인 코디네이션은 심미적·상징적인 면에서 디자인 대상의 아이덴티티를 확고히 하면서 아름다운 환경을 만드는 방법이 되고 있다. 통합디자인을 활용한 아름다운 환경의 사례로 작은 골목길인 인사동 11길 프로젝트를 들 수 있다.

프로젝트의 도입　　　공공디자인에 대한 인식이 높아지면서 도시환경 개선을 위한 다양한 사업들이 전국에 걸쳐 진행되고 있다. 도시디자인이야말로 통합디자인 마인드를 갖지 않고서는 성공적으로 이루어 내기 어려운 분야이다. 도시디자인은 시민, 지방행정부, 디자인 전문가와 사업자가 서로 다른 이해관계에 놓여 있어 협업이라는 개념의 소통이 쉽지 않은 분야이기 때문이다. 개인의 영역이면서 또한 공공장소가 되는 많은 사례들 가운데 골목길은 작지만 매우 흥미로운 디자인 대상이다. 여기서 소개하는 인사동 11길 프로젝트는 KCDF^한국공예디자인문화진흥원가 주관하여 종로구와 전문 조경디자이너, 그리고 주민들이 함께 모여 이룬 성공적인 통합 환경디자인 사례이다.

　KCDF 전시관이 위치한 골목길은 인사동 11길이다. 11길이라는 이름은 최근 행정안전부의 거리명 개선사업에 따라 변경된 명칭이고, 원래 이름은 '청석길'이다. 이 길의 역사를 더듬어 보면 청성 부원군 김석주가 살던 동네여서 청성골이라 불리던 것이 청성골로, 다시 청석길로 전해진 것이라고 한다. 이 골목길에는 카페, 갤러리, 박물관, 한의원, 불교 백화점, 홍보관, 템플스테이 등이 있어 문화거리로서의 특성을 지니고 있다. 그러나 오랫동안 서로 연계성이 전무한 상태로 구성되어 아무도 기억하지 못하는 그저 복잡한 골목길에 불과하였다.

⬛ 인사동 11길
주민협의체 반상회
ⓒ KCDF

디자인 프로세스　　　주민협의체의 제안에 따라 해당 구청이 11길을 인사동 디자인 시범거리로 지정하고, 예산과 행정 지원을 승인함에 따라 구체적인 디자인 단계로 진입하였다. KCDF는 전문 기관의 입장에서 아트디렉터를 선임하고 11길의 각 건물 앞마당 정원을 포함한 골목길 전체 조경디자인을 외부에 의뢰하였다. 디자인 회사는 전통 민화에 나오는 정원을 기본 콘셉트로 하여 아름다운 조경 설계안을 제시하였다.

그러나 이 설계안이 주민협의체에 제시되었을 때 난관에 봉착하였다. 주민들은 자신의 상점 앞마당에 심을 꽃과 나무를 디자이너가 선정해 주는 것에 큰 불만을 표시한 것이다. 골목길 정원이 완성되고 나면 각자의 정원은 스스로 관리해 나가야 하기 때문에 정원의 형태와 식재의 종류를 선정하는 과정에는 반드시 그들 자신의 의견이 반영되어야 마땅하다는 의견이 제기된 것이다.

이에 따라 조경 디자이너의 의도로 진행된 초기 안은 무산되었고, 의견 수렴의 단계에서부터 다시 시작하였다. 반상회의 논의를 거쳐 주민들이 만든 기본 개념은 각자의 담장을 허물고, 철망도 제거한 후, 텃밭과 정원을 희망에 따라 선정하는 것이었다. 주민들도 주인의식을 가진 전문가라는 인식을 재확인하는 단계였다. 이러한 주민의 기본적인 요구사항을 바탕으로 조경 디자이너의 새로운 안이 제시되었고, 여러 차례의 협의 끝에 최종 디자인이 결정되었다.

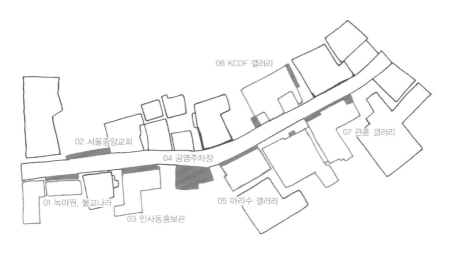

● 인사동 11길
평면도 및
입면 사진
ⓒ KCDF

　정원 조성비가 구청의 지원금으로 책정되었기 때문에 의사결정과정에서 경쟁적인 심리작용도 다분히 개입되었다. 거리의 정원으로 내놓을 주민들의 공간이 그 크기나 환경이 각기 달랐기 때문이다. 그러나 커뮤니티를 살리자는 공동체 의식을 살려서 공용주차장에서 주차공간 2대분의 토지를 할애받아 공동텃밭을 마련하고, 공동텃밭의 관리방안, 도로포장에 대한 논의 등 모든 사안들에 합의를 이끌어 냄으로써 모든 문제들이 극복되었다.

▶ 공영주차장 주차공간 2개소를
철거한 후 텃밭을 조성한
도시골목길 정원 가꾸기 사례
ⓒ KCDF

◑ 인사동 11길 프로젝트 중
관훈갤러리 사례
ⓒ KCDF

　　주민협의체에서 합의된 거리조경 설계안은 해당 구청의 허가를 득하고
난 후 시공과정에서도 주민들의 참여와 의견반영이 계속되었다. 식재안
수정, 구청과의 협력방안 구체화, 시공진행과정 검토, 색채계획 수정 등 완
공까지 모두가 하나의 목표를 향해 협업하는 과정으로 성공적인 결과를
이끌어 내었다. 이렇게 조성된 인사동 11길은 골목을 들어서는 순간 자연
이 있고, 정돈되고, 오래된 골목에 대한 향수가 느껴지는 아름다운 거리
경관으로 탈바꿈하였다.

　　이 사업이 시범사업인 만큼 파급효과에 대해 관심이 많았다. 기대했던
대로 다른 골목들도 반상회가 조성되고, 골목길 개선사업을 위한 추진체
계가 마련되는 움직임이 일어나고 있다. 주민과 행정기관, 전문가가 힘을

합쳐 커뮤니티를 생동감 있게 살려낸 통합적 커뮤니티 디자인을 완성한
것이다.

대규모 공간환경을 위한
통합디자인 사례

도시화의 발달과정에서 새롭게 등장한 대규모 복합공간 역시 디자인 코
디네이션에 의한 통합디자인 개념으로 접근해야만 성공적인 디자인으로
완성될 수 있다. 주상복합, 복합문화공간, 대규모 병원시설 등은 다양한
목적과 기능이 한데 어우러져 있는 공간들로 구성되어 있다. 따라서 뚜렷
한 디자인 개념의 설정 하에 아트디렉터의 총체적인 관리로 추진되어야만
하나의 통일된 강력한 아이덴티티를 갖출 수 있게 된다.

연세대학교 신촌캠퍼스 옆에 위치한 세브란스병원 본관은 건축 발의에서
완공까지는 '세브란스 새 병원'이라는 명칭으로 불렸다. 그것은 세브란스병원
이 최초의 근대식 병원인 광혜원을 설립한 지 120년만에 최첨단 현대식 병원
을 새롭게 건립한다는 의미를 담고 있는 명칭이다. 이 새 병원은 그 필요성
에 의해 기획단계의 운영계획이 1997년에 시작되었고, 2005년에 완공되어 기
획부터 개원까지 8여 년에 걸친 대규모 프로젝트로서 단일 건축물로는 연면
적 170,000m^{251,600평}로 국내 최대 규모의 건축물이다. 또한, 사용자 측면에서
보면 의료진, 환자, 간호팀, 방문객, 보조원, 용원 등 매우 다양하며, 1일 평균
1만여 명이 사용하는 다목적 공간이기도 하다. 이처럼 다면성을 갖는 대규
모 프로젝트의 디자인 코디네이션은 어떻게 이루어지는지 살펴보기로 한다.

세브란스병원의 아이덴티티와 디자인 콘셉트   세브란스병원은 우리
나라에 현대 의학을
처음으로 도입하여 지난 120여 년에 걸쳐 발전해 온 사학 의료기관이다.

연세대학교 의료원은 1990년, 다가올 21세기를 맞이하기 위해 의료원이 추진해야 할 장기발전계획을 수립하였다. 의료원의 장기발전에서는 의료인, 의료서비스, 의료기술, 연구기능에 있어서 세계적 수준의 의료기관으로 끌어올리는 것을 기본 목표로 하였다. 이를 위해 신촌캠퍼스에 세브란스 새 병원을 신축하여 국내 최대 규모의 전문 병원 콤플렉스를 조성하는 계획을 세웠다. 또

▲ 연세대학교 의료원의 핵심이 된 세브란스 새 병원
ⓒ 세브란스병원

한, 연세대학교의 설립 이념인 기독교 정신을 계승 발전하여 의료의 봉사 정신과 기독교 정신을 실천함으로써 초창기 선교사들의 정신을 계승하는 것을 기본 이념으로 하였다.

이에 따라 건축 및 통합적 디자인 개념은 최고 수준의 진료서비스와 시설을 갖춘 국제적 병원으로 설정되었으며, 이를 상징할 수 있는 건축적 형태와 인테리어 전반의 이미지 개선으로 의료원의 새로운 아이덴티티 구축이 요구되었다. 그동안 오랜 역사 속에서 수차례에 걸친 기존 건물들의 증개축은 오래된 병원의 복잡한 이미지를 형성하였으며, 새 병원으로 하여금 새로운 아이덴티티를 구축하는 것은 매우 중요한 디자인 개념이었다. 따라서 새 병원은 의료원 전체에서 핵심이 될 수 있는 공간으로 계획되어야 하며, 랜드마크로서의 역할과 향후 변화하게 될 의료원의 비전에 따라 단계별로 확장할 수 있는 마스터 플랜master plan이 요구되었다. 이에 따라 병동과 외래 중심의 환자 치유공간을 넘어 환자들의 생활공간으로의 개념 전환과 함께 다양한 사회적 요구와 미래에 대한 변화가능성의 수용이 요구되었다. 설계에 지침이 된 구체적인 디자인 개념은 다음과 같다.

* 고객 중심의 쾌적하고 안락한 '병원 같지 않은 병원'의 개념
* 전문 센터와 암 전문 클리닉을 통한 질병 중심의 전문화된 병원

* 환자와 직원들의 동선을 고려한 진료공간 배치와 업무 전산화
* 첨단 의료시설과 관리운영시스템의 인텔리전트화(IBS)
* 미래 의료환경의 변화를 수용할 수 있는 공간계획
* 업무 연관성을 고려한 층별 배치 및 효율적인 경영관리
* 충분한 편의시설 배치로 이용객의 편의 극대화

___

　　이상과 같은 지침으로부터 새 병원의 디자인 코디네이션을 위한 기본 콘셉트는 안락감, 전문성, 고기능, 인텔리전트, 유연성, 편의성의 6가지로 설정하였다. 이에 따른 새 병원의 건축적 외형은 기본적으로 베이스 앤 타워 base and tower 형태로 고층부에는 병동타워, 저층부에는 외래동과 중앙진료동으로 구성되었다. 저층부를 구성하는 외래동과 중앙진료동 사이에는 길이 100m의 8개층 높이의 아트리움이 구성되어 동선을 명확하게 구분함과 동시에 건물 깊숙이 자연 채광을 끌어들였다. 병동타워에는 최고의 시설 및 장비를 갖춘 중환자실 및 병동, VIP병동이 배치되었고, 중앙진료동에는 영상의학과, 첨단 의료장비 및 시설이 완비된 수술실, 병원 물류를 담당하는 진료지원시설 등이 배치되었다. 1층에는 응급진료센터가 위치하여 응급진료 담당과 함께 환자 접근성이 용이하게 고려되었고, 고객편의를 위한 승강기는 에스컬레이터 12대, 엘리베이터 31대가 설치되었다. 이외에 편의시설 및 부대시설로는 3층의 전문 식당가, 푸드코트, 베이커리, 편의점 및 20층 스카이라운지가 설치되었고, 교육시설로는 500석 규모의 대강당, 세미나실 등이 계획되었다. 이와 같은 대형 의료서비스 공간은 그 사용자 계층만 하더라도 의료진, 환자, 사무직원, 보호자, 방문객, 서비스 용역원, 자원봉사자, 상업시설 근무자 등 다양성을 지니고 있다. 따라서 병원의 구성원과 사용자가 모두 만족하는 공간이 되기 위해서 사용자조사, 사례조사 등 디자인 과정 또한 오랜 기간의 스터디가 필요하였다.

　　병원 내부 인테리어 설계의 과정에서 안락감, 전문성, 고기능, 인텔리전트, 유연성, 편의성이라는 기본 콘셉트를 실현하기 위한 재료 및 기본 색채가 선정되었고, 20층에 이르는 고층병원에서 각 영역에 대한 길 찾기가

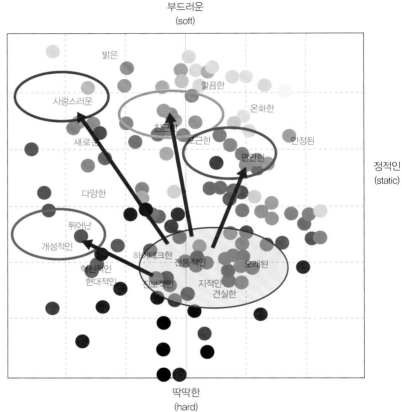

부드러운
(soft)

밝은

깔끔한

온화한

사랑스러운

안정된

친근한

새로운

친근한

편안한

동적인
(dynamic)

정적인
(static)

다양한

뛰어난

개성적인

하이테크한

전통적인

오래된

혁신적인
현대적인

진보적인

지적인
견실한

딱딱한
(hard)

● 세브란스 새 병원의 이미지 방향_ 세브란스 새 병원의 이미지는 기존의 '전통적인', '오래된', '건실한' 등의 정적이고 딱딱한 이미지를 '사랑스러운', '뛰어난', '친근한', '편안한' 등의 부드럽고 동적인 이미지로 전환시킬 필요가 있는 것으로 나타났다.
자료 : 박영순디자인연구소

원활하도록 하기 위해 조닝별 색채계획이 이루어졌다.

우선 세브란스병원의 이미지 조사를 통해 현재의 위치를 파악하고 미래에 지향하고자 설정한 개념으로 이동할 수 있도록 색채 이미지 맵에서 기본 색채 영역을 4가지로 선정하여 강조색을 정하였다. 이에 따라 입원실의 존은 A, B, C, D의 4가지 영역으로 나누어 입원실 동별 아이덴티티를 분명히 하였다.

다음으로 각 존별 강조색과 보조색, 주조색의 색채 팔레트color pallet를 정하면서 새 병원이 지향하는 인간 중심의 사랑과 봉사, 기술 중심의 첨단

의술과 신뢰성의 개념이 나타날 수 있도록 하였다. 주조색은 모든 공간에서 배경이 되는 벽과 바닥, 천정의 색으로 설정하고, 보조색은 각 강조색이 자연스럽게 연결될 수 있는 중성색과 무채색으로 선정하였다.

휴게실, 간호사실, 입원실 등에 주조색과 보조색, 그리고 강조색을 적용하여 여러 가지 응용 사례들을 만들면서 영역별로 변화를 주되 전체적으로 조화를 이룰 수 있도록 배치하는 다양한 실험단계를 거쳤다. 색채 팔레트는 공유하되 공간별로 대비효과의 변화에 따라 생동감, 편안함, 친근감 등에 변화가 나타날 수 있도록 조정하였다. 또한, 색채 팔레트와 가장 유사한 색채의 재료들을 선택하면서 전체적인 이미지가 크게 변화하지 않도록 통일성을 유지하였다.

마감재의 사용에 이어서 본관 외벽에 사용한 붉은색 라임스톤을 실내에 연결시켜 대지의 포용성 있는 따뜻한 이미지를 줄 수 있도록 하였고, 인텔리전트, 전문성, 기능성의 이미지는 투명한 유리와 반투명한 유리를 필요에 따라 배치함으로써 첨단 미래지향적인 이미지를 전달하도록 하였다. 한편, 안내데스크, 수납, 접수대, 휴게실 등에는 밝은 목재와 화강석, 검은색 가죽 등으로 대비효과를 주어 따뜻하면서도 신뢰할 수 있는 기술

배경색	존(zone)	강조색	명칭
	A		복숭아색(peach)
	B		파란색(blue)
	C		녹색(green)
	D		자주색(plum)

● 세브란스 새 병원
실내 색채계획
ⓒ 박영순디자인연구소

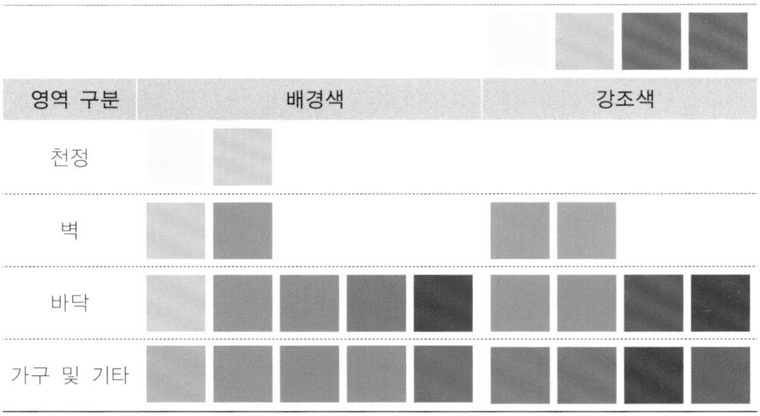

영역 구분	배경색				강조색			
천정								
벽								
바닥								
가구 및 기타								

▶ A존 색채 팔레트
ⓒ 박영순디자인연구소

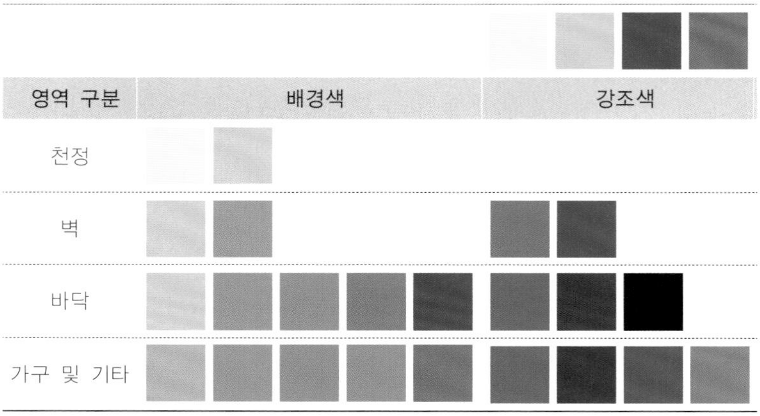

영역 구분	배경색				강조색			
천정								
벽								
바닥								
가구 및 기타								

▶ B존 색채 팔레트
ⓒ 박영순디자인연구소

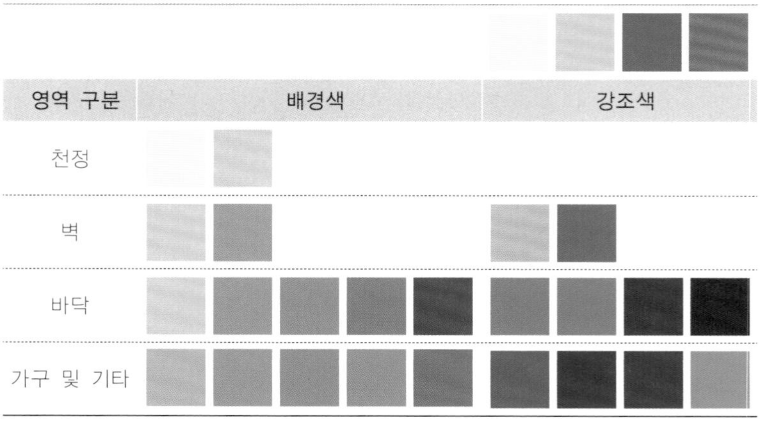

영역 구분	배경색				강조색			
천정								
벽								
바닥								
가구 및 기타								

▶ C존 색채 팔레트
ⓒ 박영순디자인연구소

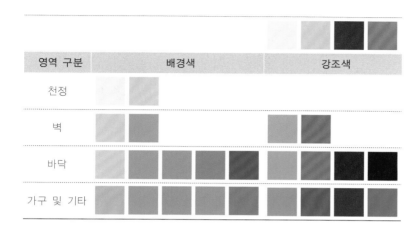

영역 구분	배경색		강조색	
천정				
벽				
바닥				
가구 및 기타				

◑ D존 색채 팔레트
ⓒ 박영순디자인연구소

A존   B존   C존   D존

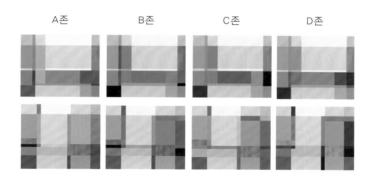

◑ 존별 색채계획 통합이미지
ⓒ 박영순디자인연구소

적 이미지가 반영될 수 있도록 계획하였다.

가구는 배경이 되는 실내 색채계획에서 중심적인 역할을 할 수 있도록 안정감 있는 짙은 목재를 사용하고, 기타 눈에 뜨일 필요가 없는 집기들은 중간 회색과 은색, 흰색을 사용하여 전체적으로 통합적인 인텔리전트한 이미지와 간결한 느낌이 들도록 하였다. 완성된 병원의 실내는 환자, 의사, 간호사, 보호자 등 다양한 그룹의 사용자에게 매우 좋은 반응을 얻을 수 있었다.

디자인 코디네이션의 핵심 부분이 색채계획이라는 판단 하에 통합적 색채계획이 이루어지고 모든 세부사항의 결정은 철저히 색채계획 매뉴얼

위쪽부터
3층 로비 및 아트리움
수술실 내부
병동 간호사실
ⓒ 세브란스병원

에 의해 실시되었다. 이 매뉴얼은 완공 후 8년이 지난 현재까지도 모든 환경 요소의 색채선정 기준이 됨으로써 세브란스병원의 따뜻한 사랑과 첨단기술이라는 일관된 이미지 구축에 크게 기여하고 있다.

　디자인 코디네이션은 이처럼 작은 골목길의 아이덴티티를 만드는 일이나 거대한 병원공간의 총체적인 쾌적한 환경이미지를 구축하는 일에 활용되고 있다. 디자인 코디네이션은 통합디자인이 이루어 내는 일관된 상징성에 의한 통합적 소통에 기여한다.

통합적 건축 공간 디자인

CHAPTER 6 **통합적 건축 공간 디자인**

Integrated Design
in Architecture

**건축의
통합적 속성**

건축디자인은 그 디자인 프로세스 내에서 여러 전문 분야의 전문가 ─클라이언트, 건축가, 시공자, 공학자, 공무원, 커뮤니티, 비평가─들이 의견을 교환하는 과정을 거쳐 완성된다. 클라이언트가 건축가에게 의뢰함으로써 프로세스가 시작되고, 건축가는 디자인을 심의하는 주체의 의견을 반영하여 디자인을 완성한다. 시공자는 도면을 통해 건축가의 아이디어를 이해하고 물리적으로 구현하며, 지어진 건물은 전문 비평가들의 비평을 거치게 된다. 완성된 후에도 그것의 영향을 받는 불특정 다수와 상호작용을 하게 되고 이는 직·간접적으로 디자인 프로세스에 다시 영향을 주게 된다. 이 과정에서 다양한 배경 학문들이 영향을 주고받게 되는데, 비평을 위한 미학 및 철학, 구조를 위한 콘크리트구조학, 건축디자인학, 공사관리를 위한 경영학, 회계학 등이 포함된다. 이렇듯 매우 융합적인 프로세스의 성격으로 인해 오랜 기간 동안 건축디자인의 통합이라는 주제에 대한 고민이 있어 왔고, 이에 위키피디아^{wikipedia}에서 제안하는 통합디자인에 대한 정의는 건축디자인에 기반을 두고 있다.

> "통합디자인은 전체론적인 디자인 개발을 강조하는 건물디자인을
> 위한 협동 방식이다.
> Integrated design is a collaborative method for designing buildings
> which emphasizes the development of a holistic design."
>
> 위키피디아 '통합디자인 integrated design '

　따라서 건축디자인에 있어 진전되어 온 통합디자인에 관한 연구와 논의들을 이해하는 것은 통합디자인이 방향에 대한 한 가지 시사점을 준다고 할 수 있다. 통합의 유형이 어떻게 변천해 왔고, 또 현대에 어떠한 문제들이 화두가 되고 있는지 알아봄으로써 여러 디자인 분야 간의 공통점과 차이점을 도출해 볼 수 있을 것이다. 이러한 노력은 궁극적으로 이를 디자인 실무 혹은 교육에 적용시키는 방법을 탐구하는 데 도움이 될 것으로 기대된다.

통합적 건축 공간
디자인의 역사

통합적 디자인의 필요성은 건축디자인의 역사 속에서 그 양상을 조금씩 달리하며 꾸준히 나타나 왔다. 이 절에서는 서양의 건축 역사 속에서 통합적인 디자인을 모토로 했던 주요 건축가들의 작품을 살펴보고, 이것이 어떻게 현대의 건축 사상에 영향을 미쳤는지 유추해 보고자 한다. 통합적 관점을 강조했던 근현대 건축가들 사이에 흥미로운 공통점을 발견할 수 있는데, 토속적 건축에 대한 관심, 동양 사상에 대한 심취, 공학 교육 배경, 예술공예운동의 계승 등이 바로 그것이다.

윌리엄 모리스와 레드하우스

존 러스킨으로부터 시작된 미술공예 운동은 산업화의 기계적 생산으로부터 인간의 신앙적 윤리와 노동의 기쁨을 회복하고자 했던 고딕 부흥운동이었다. 윌리엄 모리스[1834~1896]는 이를 계승하여 일상생활의 가장 가까운 물품으로부터 미적 가치를 회복시키기 위해 노력한 건축가이다. 그는 예술가가 인간의 총체적인 디자인 환경을 제공해야 한다고 생각하여 건축뿐만 아니라 실내디자인, 금속 공예, 가구, 직물, 카펫, 벽지, 스테인드글라스 등 다양한 분야의 디자인에 참여하거나 전문가들과 협력하였다. 이를 실제로 구현한 예가 그의 신혼집인 레드하우스이다. 붉은 벽돌의 외관을 가진 이 집은 그가 마음껏 자신의 예술적 이상향을 표출한 공간이었다. 그 결과로 스테인드글라스 디자인, 벽걸이, 천장화, 정원 등이 그와 그의 친구 예술가들의 작품으로 이루어졌다. 그러나 대중에게 저렴한 디자인을 제공하려는 이상과는 달리 그의 수공예 공장 노동자들은 격무에 시달렸으며, 제작된 작품들은 소수의 사람에게 고가로 제공되는 한계가 있었다. 이는 이후 분업화된 공장의 대량생산에 그 자리를 내어 주는 결과를 낳게 되었는데, 현재 통합을 추구하는 디자인은 비즈니스, 교육, 행정 분야에 여러 가지 시사점을 준다고 할 수 있다. 통합을 위한 투자와 비용 대비 효율성 사이에서 이를 지원할 수 있는 사회적 인식과 시스템이 수반되어야 통합이 추구하는 가치를 달성할 수 있을 것이다.

근대 건축의 거장들

아돌프 로스와 르 코르뷔지에, 미스 반 데어 로에 등 근대 기계문명을 찬양하는 새로운 건축가들은 건물에서 장식적인 요소를 배제하려는 근대적 건축혁명을 가져왔다. 예술가의 역할에 대한 생각도 근본적인 변화가 찾아왔는데, 거주자의 주변환경 전체를 총체적 디자인 대상으로 보고, 하나의 통합된 디자인 환경을 제공해야 한다는 입장에서 대량생산 제품을 있는 그대로 제공하는 것에 머물러야 한다는 입장으로 옮겨가게 되었다. 그러나 다양한 레벨의 디자인 요소—가구 디테일에서부터 전체 건물 조형에 이르기까지 —가 일관성을 지녀야 한다는 미학적·통합적 관점은 계속되었는데, 이는 프랭크 로이드 라이트의 유기적 건축organic architecture에 특히 잘 나타나 있다. 유기적 건축은 한 건물이 주변환경과 유기적인 조화를 이루어야 한다는 것뿐만 아니라 건물 자체가 필수불가결한 디자인 요소들로 조직되어야 한다는 것을 의미한다. 이러한 그의 아이디어는 낙수장과 같은 건물에서 하

🔺 프랭크 로이드 라이트
ⓒ Jeff Dean

◀ 존슨 왁스 빌딩
ⓒ①① Stephen Matthew Milligan

나의 기하학적 모티프가 여러 디자인 요소들 —— 창문, 바닥, 의자 등 —— 에 의해 반복해서 나타나는 것으로 표현되었다. 라이트의 건축뿐만 아니라 미스 반 데어 로에의 시그램 빌딩에서도 비슷한 노력이 관찰되는데, 박스 형태의 극도로 단순한 매스의 조형은 수직선, 수평선으로 이루어진 평면, 문 디테일, 그리고 분수대 디자인에까지 적용되었다.

버크민스터 풀러와 풀러 돔　　　　공학자, 디자이너, 미래학자, 이론가, 발 명가, 그리고 작가였던 버크민스터 풀러 ^1895~1983는 기존의 건축디자인에서 볼 수 없는 매우 독특하고 창의적인 작 품들을 통해 건축사에서 매우 특별한 융합적인 사례로 자리매김하고 있 다. 그는 젊은 시절 재정적 파산과 딸의 사망이라는 고난을 경험한 후 전 인류의 복지증진이라는 인생의 목표를 세우게 되었고, 이후 공작 기계와 디자인 작업의 경험을 바탕으로 돔형 건축구조, 이동식 거주시설, 교통수 단 디자인 등에 중요한 업적을 남겼다. 이 중 대중적으로 가장 유명한 것 은 풀러 돔이라는 건축구조인데, 무게가 가볍고 튼튼하여 넓은 공간을 손 쉽게 덮을 수 있었다. 이러한 구조적 편리함은 그에게 짧은 시간 안에 큰 명성을 가져다주었다.

　그는 또한 인류애적이고 미래적인 디자인 철학을 바탕으로, 글로벌적 사고, 환경의 지속가능성 등이라는 현대적 이슈에 선각자적인 비전을 제 시하였다. 특기할 것은 시너제틱스라는 용어를 만들어 낸 것인데, 이는 교 통시스템에 있어 경험적인 연구를 지칭하는 것으로, 개개인의 인간행동 에 의해 전체 시스템의 움직임을 예측하기 어렵게 됨을 강조하기 위해 사 용되었다. 시너지라는 단어가 등장하기 오래 전에 나타난 것으로 학제 간 주제에 대한 거시적이고 통합적인 그의 사고를 보여 주는 한 예이다.

글렌 머컷과 지속가능한 건축　　　　글렌 머컷은 호주에서 활동하는 건축 가로, 2002년 프리츠커상 수상자이며 친환경건축에 대한 노력을 인정받아 같은 해 〈타임〉지에서 "지구 보존 5인의 영웅" 중의 1명으로 선정되었다. 어린 시절을 뉴기니에서 보내며 토착vernacular건축에 대한 이해를 키웠으며, 아버지의 영향을 받아 자연과의 조화에 대한 철학적 바탕을 다졌다. 이후 그가 인용한 어보리진의 속담——"부드럽게 대지를 만져라.Touch the earth lightly"——과 프리츠커상 수상 연설——"인생은 모든 것을 극대화하는 것이 아니라 무엇을 되돌려 주는가이다. 예를 들어 빛, 공간, 형태, 고요함, 그리고 기쁨 등이다."——에는 자연에 대한 그의 애착이 나타나 있다.

그의 건축은 경제적·환경친화적·다기능적 건축으로, 해, 달, 계절의 변화에 대한 깊은 관찰을 바탕으로 빛이나 바람, 물의 움직임과 조화를 이룰 수 있도록 디자인하였다. 대부분의 작품이 호주 시골 지역의 소규모 주택으로, 높은 에너지 효율과 주변환경과의 조화를 특징으로 한다. 재료의 선택에 있어서도 경제적으로 손쉽게 생산될 수 있는 것——돌, 유리, 콘크리트, 벽돌, 주름진 철판——에 대한 선호가 두드러진다. 자연과의 조화를 강조한 매우 동양적인 철학을 가진 건축가로서 주변환경과의 조화 및 인위적 디자인 요소의 철저한 배제라는 목표를 작품으로 승화시킨, 친환경이라는 주제를 위해 여러 건축적 요소와 주변환경의 통합을 이룬 사례라고 할 수 있다.

앞서 본 역사적 사례들과 현대에 보이는 디자인 통합의 양상은 크게 3가지 면에서 구별된다. 첫째는 통합의 목적의 변화로, 기존 스타일의 통합이라는 미학적 목적으로부터 지속가능한 건축이라는 사회적 목표를 위해 공학적 기술을 적극적으로 사용하는 경향이다. 둘째는 통합 프로세스상에서 보이는 협력방식의 변화로 기존의 마스터 건축가가 여러 명의 도제들과 일방적인 방식으로 관계를 맺는 것으로부터, 디자인 초기 단계에서부터 모든 분야의 전문가들이 모여서 서로의 의견을 존중하며 최적의 방식을 찾는 보다 민주적인 관계로의 이전이다. 마지막으로 새로운 툴의 등장으로 건축용 소프트웨어 기술의 등장은 정보의 교환과 통합적 의사

⚫ 글렌 머컷의 마리카
–알더튼 하우스
©①◎ 2.5

결정에 있어 필수불가결한 요소가 되고 있다. 다음에서는 현대건축에서
보이는 이러한 양상을 좀 더 구체적으로 알아보기로 한다.

통합적 건축 공간
디자인의 방법

통합적 프로세스의 원칙   통합적 디자인이 갖는 현대적 의미는 무엇
보다 프로세스상의 통합을 들 수 있다. 근
대의 통합적 건축디자인이 소수의 디자이너가 계획한 디자인 요소들의 미
학적 통일성이라는 의미를 갖는다면, 현대에 들어서는 시간과 비용의 절
감을 위한 여러 건축 전문가의 효율적인 커뮤니케이션이라는 의미가 강해

▶ 맥리미 곡선
자료 : http://www.msa-ipd.com/
MacleamyCurve.pdf

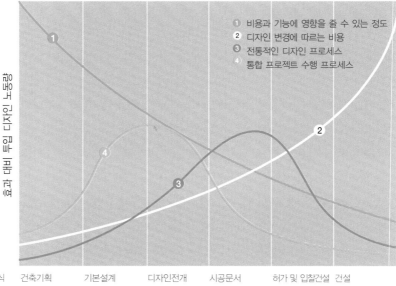

① 비용과 기능에 영향을 줄 수 있는 정도
② 디자인 변경에 따르는 비용
③ 전통적인 디자인 프로세스
④ 통합 프로젝트 수행 프로세스

(세로축) 효과 대비 투입 디자인 노동량

전통적 방식	건축기획	기본설계	디자인전개	시공문서	허가 및 입찰건설	건설
통합적 방식	개념화	기준설계	실시설계	시행문서	관계기관 조율,	건설
					최종 매수	

졌다. 이는 디자인 프로세스가 크게 변화하는 것을 암시하는데, 이는 맥리미 곡선Macleamy Curve으로 요약할 수 있다. 그래프의 X축은 프로젝트의 시간상의 진행을 나타내는데, 시간이 흐를수록 건축디자인의 비용과 기능에 대한 영향력은 감소하는 반면, 건축디자인의 변경에 필요한 비용은 가파르게 상승함을 보여 준다곡선 1과 2. 기존의 디자인 프로세스곡선 3를 보면 가장 많은 작업이 건설도면, 즉 실시설계에서 이루어진다는 것을 볼 수 있는데, 이에 반해 이상적인 통합적 디자인 프로세스는 그 최고점이 시간상으로 더 일찍 나타나게 됨을 알 수 있다. 이는 참여 주체들이 시간적으로 선형으로 나열된 계약관계에서 벗어나 프로젝트 초기에서부터 함께 전문지식을 나누고 협력방식에 대해 의논하는 보다 대등한 관계로 이전하는 것을 암시한다. 이를 다르게 표현하면 한정된 시간 및 예산, 일차적인 문제해결방식이라는 틀 내에서 '갑'이 원하는 계약서상의 결과를 만들어 내는 역할로부터, 전체 프로젝트 진행 중에서 자신의 수행업무를 파악하고, 관련 주체들과 의견을 조율하고 최종 결과에 대한 책임을 일정 부분 공유하는 역할로 변화하는 것을 의미한다.

이러한 통합적 디자인 프로세스는 디자인 제조용이성manufacturability 문제를 좀 더 적극적으로 해결할 수 있게 해 준다. 한 예로, 기존의 프로세스 내에서 건축가는 구조적인 문제에 대해 한정된 이해를 가지고 기본 디자인을 진행하게 되는데, 이는 어떤 무주無柱 공간에 대해 필요한 구조의 크기—예를 들어 지붕의 두께—를 잘못 예측할 수 있다. 구조 설계자는 건축가의 모든 기본 디자인이 완성된 후에야 이를 인지하게 되고, 이는 지붕의 구조 변경에 따른 미적 통일성의 저해를 가져오거나 또는 고비용의 지붕 구조시스템을 선택할 수밖에 없는 결과를 가져온다. 또 다른 예로는 벽체의 두께에 대한 건축가의 잘못된 예측이 있을 수 있다. 이는 벽체 내의 단열재에 대한 고려를 하지 못함으로써 발생할 수 있는데, 이는 턱없이 작은 화장실, 앉기 불가능한 경기장 좌석 등 건물 사용성의 중대한 문제를 가져올 수 있다. 통합적 프로세스 내에서는 기본 디자인 단계에서부터 구조, 설비 전문가의 참여를 유도하며, 두 경우 모두 기본 디자인을 수정함으로써 추후에 발생하는 고비용을 예방할 수 있다.

미국건축가협회American Institute of Architects, AIA는 이러한 통합적 디자인 접근의 장점을 극대화할 수 있는 가이드라인을 제시하고 있다. 통합적 프로젝트 수행integrated project delivery이라고 불리는 이 제안서는 자칫 혼란스러울 수 있는 참여 주체들 간의 관계, 책임, 계약, 비용, 인센티브 등의 문제가 어떻게 설정되는지에 대해 세밀하게 서술하고 있다. 이 문서가 제안하는 통합적 디자인 프로세스의 원칙은 다음과 같다.

1 상호 존중과 신뢰(mutual respect and trust)
클라이언트, 건축가, 시공자, 하청업체, 컨설턴트 모두 통합적 디자인 프로세스의 필요성을 인지하고 공동 작업의 생산성을 극대화하기 위해 노력한다.

2 상호 이득과 보상(mutual benefit and reward)
통합적 프로세스를 통하여 모든 참여 주체가 이익을 얻도록 해야 한다. 프로젝트에 대한 공헌도에 따라 보상하는 공정한 시스템 확립이 매우 중요하며 필요에 따라 인센티브를 줄 수도 있다.

3 공동의 혁신과 의사결정
  (collaborative innovation and decision making)
참여자들이 그 계약적 지위에 구애받지 않고 의견을 개진할 수 있어야 한다. 의사결정 시에는 최대한 만장일치에 이를 수 있도록 노력한다.

4 주요 참여 주체의 조기 참여
  (early involvement of key participants)
디자인 프로세스에서 최대한 일찍 필요한 전문 지식을 나누고 디자인에 반영하는 것은 통합 프로세스의 핵심 원칙이라고 할 수 있다.

5 조기 목표설정(early goal definition)

프로세스 초기에 전체 주체가 공유하는 프로젝트의 목표를 설정한다. 개개인의 목표가 전체의 목표와 충돌되지 않도록 노력한다.

6 철저한 계획(intensified planning)

건축디자인에 있어서 통합디자인이 추구하는 방향은 디자인 행위의 절대적인 양을 늘리는 것이 아니라 그 노동력이 투입되는 시기를 앞당기는 것이다. 건설이 시작된 후의 디자인 변경은 훨씬 큰 비용을 가져오게 된다.

7 열린 커뮤니케이션(open communication)

솔직하고 열린 의사소통은 성공적인 공동 작업에 있어서 매우 중요한 요소이다.

8 적절한 테크놀로지(appropriate technology)

데이터의 공유를 위한 적절한 테크놀로지의 사용은 통합적 프로세스의 성공을 위해 거의 필수불가결한 요소가 되었다. 이는 BIM[Building Information Modeling]으로 요약될 수 있는데, 현재 각 주체가 사용하고 있는 데이터 포맷의 통합을 위한 표준설정이 당면한 과제이다.

9 조직 및 리더십(organization and leadership)

프로젝트 팀은 하나의 조직을 구성하게 되며, 특정 작업에 대해 가장 배경지식과 수행능력이 뛰어난 구성원을 리더로 선출하게 된다. 팀원들의 역할은 매우 명확하고 공정하게 정해져야 하는데, 이는 구성원들 간의 보이지 않는 장벽이 열린 커뮤니케이션을 저해할 수 있기 때문이다.

이러한 원칙들은 참여 주체들 간의 협력의 근간이 되는 것으로, 프로젝트 초기에 함께 나눔으로써 통합디자인 프로세스에 대한 이해 부족으로 생겨날 수 있는 갈등 및 충돌을 최소화할 수 있다.

통합적 건축 공간 디자인의 목적　　　　건축디자인에 있어서 또 다른 통합의 방식은 바로 디자인 요소들의 통합이라고 할 수 있다. 어떠한 특정 목적을 가지고서 건축물을 이루는 요소들—조경, 구조, 외관, 인테리어, 공간 구성, 건축재료, 환경설비시스템 등—이 일관성을 가질 수 있도록 하는 것으로, 프로세스의 통합과는 달리 과정보다는 디자인의 목표 내지는 결과물의 평가에 조금 더 중점을 둔 것이라 할 수 있다. 기존 건축디자인 과정에서 각 분야의 전문가가 한정된 범위의 디자인에 집중했던 것에 비해, 디자인 요소의 통합은 모든 디자인 요소가 공통된 목표를 향해 통일된 특성을 지니도록 해 준다. 이를 위해 구성원들 간의 소통이 필연적이며, 이에 디자인 요소의 통합은 디자인 프로세스의 통합과 매우 밀접한 관계를 지닌다고 할 수 있다.

구성원들이 공유하는 목표가 무엇이냐에 따라 디자인 요소의 통합은 다양한 모습을 가질 수 있다. 총체적 건물설계지침 Whole Building Design Guide 은 디자인 목표로서 다음과 같은 예를 들고 있다.

1 접근성(accessible)

접근성과 연관된 디자인 요소로, 장애인들의 요구사항을 충족하기 위해 확보된 건물의 높이나 최소 격리거리 등이 있다. 건물이 지어진 이후에 휠체어가 드나들 수 있도록 입구에 램프를 따로 설치하는 모습을 심심치 않게 볼 수 있는데, 이는 철거비용 등의 추가비용을 가져올 뿐만 아니라 예기치 않은 공간의 등장으로 인한 주변 공간의 활용 문제를 가져올 수 있다. 따라서 디자인 과정에서 접근성을 일찍 고려할수록 더 많은 비용을 절감할 수 있다. 노령인구의 증가는 이러한 접근성 고려의 필요성을 더욱 증대시키고 있다.

2 미적인 아름다움(aesthetics)

건물의 외관이나 내부 공간의 이미지 등이 연관되어 있다. 문손잡이에서
부터 창호, 구조, 외벽에 이르기까지 모든 레벨의 디자인 요소들이 어떤
일관된 아름다움을 발산하게 함으로써 건물의 브랜드적인 가치를 극대화
할 수 있다. 또한, 이전에는 건축가나 오너의 미적 기준이 절대적인 잣대
였던 것에 반해, 통합적 프로세스를 통해 좀 더 많은 구성원들의 미적 의
견을 반영할 수 있게 해 준다.

3 비용 절감(cost-effective)

예산의 조정이나 기본적인 비용 산출 외에 라이프사이클을 고려한 건축재
료의 선택 등이 이에 해당한다. 또 다른 예로 공사기간의 단축을 통한 이
자비용 등의 절감을 들 수 있는데, 이는 건축 시공의 중요한 한 분야이다.

4 기능(functional/operational)

건축물의 프로그램과 관련된 것으로, 공간적인 요구사항, 시스템의 성능,
내구성, 그리고 건물 요소들의 효율적인 유지 등을 말한다. 디자인 구성
원들의 요구사항을 일찍 반영함으로써, 사후의 디자인 변경 가능성을 최
소화한다. 요즘 들어 건물의 사용자 교육을 시행하는 경우가 늘어나고 있
는데, 이는 건물의 효율적 운영을 통한 수명의 극대화에 도움을 준다.

5 역사 보존(historic preservation)

역사 보존 지역 내에서의 디자인 행위 또는 역사적인 건물의 보존, 복구,
재건축, 재생과 관련된 활동을 의미한다.

6 생산성(productive)

건물 거주자들의 물리적·심리적인 편안함과 연관된 것으로, 환기시스템, 조명, 색채, 가구, 근무환경을 위한 IT 기술 등이 이에 해당한다고 볼 수 있다.

7 안전성(secure/safe)

인재나 자연재해로부터 거주자와 자산을 보호하는 물리적인 보호시스템을 말한다. 소화전, 화재 차단막, 스프링클러 등 소화방재시스템, 대피소 및 대피 유도시스템, 외부침입 감시시스템 등이 있다. 여러 건축 법규를 통해 이를 강제하고 있으나 공간디자인과 설비시스템의 통합을 통해 이를 보다 효율적으로 구축할 수 있다.

8 지속가능성(sustainable)

환경적인 영향을 고려한 건축물의 디자인을 의미한다. 화석연료의 고갈, 가격 폭등 및 지구온난화 등의 환경 문제에 기인하는 것으로, 건물의 화석연료 소비 및 탄소의 배출을 최소화하는 노력이 전 세계적으로 진행되고 있다.

친환경건축　　　　디자인 요소 통합의 목적으로 요즘 가장 주목받고 있는 것이 바로 지속가능한 디자인^sustainable design 실현을 위한 친환경건축이다. 지속가능한 디자인에는 여러 정의가 있으나 대체로 경제적·사회적·생태학적 지속가능성에 부합하는 제품, 건물, 서비스 디자인을 위한 디자인 철학을 의미한다. 현대 건축디자인이 이러한 지속가능성에 주목하는 이유는 바로 현대 인류가 속한 자연환경이 급속히 악화되고 있고, 이에 미치는 건축물의 영향이 절대적이라는 데 있다.

　건축물은 인간이 생활을 영위해 나아가는 데 없어서는 안 될 중요한 가족, 일터, 여가, 및 사회적인 공간을 제공해 준다. 그러나 하나의 건물을 제

건물 49%
(46.9QBTU)

산업 22.7%
(21.7QBTU)

교통 28.2%
(27QBTU)

⬤ 미국 부문별 에너지 소비량
자료 : architecture2030.org

작, 유지, 그리고 폐기하는 데 어마어마한 환경적 비용이 들어가게 된다. 미국에너지정보관리국U. S. Energy Information Administration의 2009년도 환경 리포트를 분석한 자료에서architecture2030.org 건물 부문이 차지하는 에너지 소비는 전체 미국 에너지 소비의 49%를 차지했다. 또한, 미국 내에 생산되는 전기의 77%를 소비했으며산업 부문 23%, 교통 부문 1%, 전체 탄소 배출의 약 46.9%를 차지했다산업 부문 19.6%, 교통 부문 33.5%.

　에너지 가격의 지속적인 상승과 지구온난화의 문제는 건물 부문의 에너지 소비 감소를 위한 노력을 가속화시켰는데, 이러한 노력의 일환으로 가장 국제적으로 널리 알려져 있는 것이 미국친환경건축의회U. S. Green Building Council, USGBC의 리드Leadership in Energy and Environmental Design, LEED 인증시스템이다. 리드는 이산화탄소 배출량, 물의 재활용, 에너지 절약 등의 측정 기준을 통해 건물의 환경적인 영향을 평가함으로써 건축디자인 과정 중에 환경적 영향을 최대한 고려하도록 유도하는 프로그램이다. 이 평가시스템의 가장 큰 특징은 미국친환경건축의회를 구성하는 2만여 명의 멤버들이 진행하는 투명하고 열린 평가 과정이다. 리드가 정의하는 평가 기준은 여

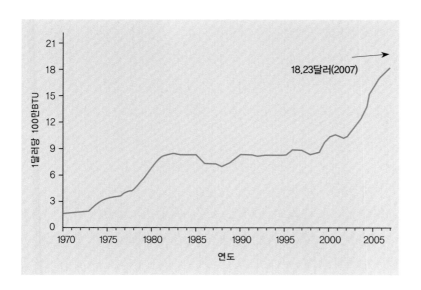

● 총 에너지, 1970~2007년

자료 : architecture2030.org

러 디자인 유형 및 건물 타입에 따라 나뉘어져 있다. 크게 건물 디자인·건설, 실내 디자인·건설, 운영·유지, 커뮤니티, 그린 홈으로 구분되며, 건물 디자인·건설의 경우 다시 건축, 재건축, 의료시설, 학교 등으로 나뉜다. 건물 디자인·건설 항목 아래 있는 새로 만드는 건축물을 평가할 때 고려해야 할 사항은 다음과 같다. 2009년을 기준으로 40점 이상을 얻었을 때 리드의 인증을 받을 수 있다.

1 지속가능한 장소(26점)

건설 활동으로 인한 지반침식, 수로침전, 공사장 먼지 등을 조절함으로써 환경오염을 최소화한다. 대중교통이나 자전거, 친환경자동차와 같은 친환경 교통수단을 장려한다. 주변 생태계를 보호하는 장치를 마련하며, 열섬 thermal island 현상과 같은 열 혹은 빛에 의한 공해를 최소화한다.

2 물 사용의 효율도(10점)

빗물 재활용시스템 등을 통해 절대적으로 물 사용량을 줄인다.

3 에너지와 대기(35점)

에너지 사용의 최적화를 위해 노력한다. 에너지 관련 위탁업체를 둘 것을 장려하며, 성능을 시뮬레이션하고 평가할 수 있는 시스템을 마련한다. 오존층 보호를 위해 냉동제 사용을 자제하고 최소 친환경 에너지 사용률을 지정한다.

4 재료와 원자재(14점)

기존의 구조적, 혹은 비구조적인 건축 재료를 재사용한다. 건축 자재들 중 재활용된 자재들의 사용 비중을 늘리고 버려지는 폐건축 자재들을 재활용하는 데 힘쓴다.

5 실내 환경의 질(15점)

실내 공기의 질에 관한 최소한의 요구조건을 만족시키고, 담배 연기에 대한 거주자나 공조시스템의 노출을 최소화한다. 해로운 접착 물질, 페인트, 코팅제, 바닥재, 합성목재, 합성수지의 사용을 자제한다. 거주자가 쾌적함을 느낄 수 있는 빛과 열환경을 제공하며, 이를 조절할 수 있는 시스템을 설치한다.

6 디자인 혁신(6점)

리드 인증시스템에 포함되지 않은 요구사항을 충족시키거나 기준 요구사항을 훨씬 뛰어넘는 성능을 달성할 수 있도록 장려한다. 리드의 인증절차를 원활하게 하기 위한 전문가를 통합디자인 팀에 포함시킨다.

7 지역적 우선도(4점)

특정 지정학적인 위치에서 우선적으로 요구되는 환경적 문제들을 해결했을 경우 인센티브 제공을 장려한다.

이러한 평가기준 달성 자체보다 중요한 것은 전체 디자인 구성원들이 건축물의 환경에 대한 영향을 최소화하고자 하는 목적으로 자신의 전문 지식을 같이 나누고 디자인에 반영하는 과정이다. 피터슨Peterson, 2007에 의하면 통합적 디자인 프로세스란 "어떤 목표달성을 위한 최고의 전문가를 찾는 과정"이라고 할 수 있는데, 이는 전문 지식의 활용이라는 측면에 있어 기존 디자인 프로세스의 상하 혹은 갑을과 같은 역할 구분에 제약받지 않음을 의미한다. 그는 한 예로, 건축물의 외피라는 디자인 요소가 어떻게 다양한 전문가들에 의해 다양한 관점에서 고려될 수 있는지를 기술하고 있다. 건물 외피는 전체 건물 에너지 소비량에 매우 큰 영향을 미치게 되는데, 이는 외피를 통해 태양열을 받아들이거나 냉난방된 열을 외부에 빼앗기게 되기 때문이다. 일반적으로는 외피 면적을 최소화함으로써 열손실을 줄일 수 있으나 절대적 면적 이외에도 다양한 변수가 있다.

건축가는 에너지 전문가의 조언에 따라 건축주의 승인에 따라 건물의 향向을 조절할 수 있다. 대체로 남향은 거주를 위한 질 높은 빛을 제공하고 북향은 오피스 공간에 선호된다. 고층 건물일 경우 건물의 그림자가 법률적인 규제를 받을 수 있는데, 이럴 경우 시뮬레이션 엔지니어와 법률가의 도움을 받게 된다. 창문의 크기, 위치, 종류 등은 건물 외피의 성능에 결정적인 영향을 미치는데 공학자나 에너지 전문가의 조언이 필요하다. 건물 하중을 증가하는 방법은 벽체를 열저장 공간으로 활용하는 아이디어로, 역시 건축가와 공학자, 에너지 전문가의 조언을 바탕으로 건축가에 의해 실행될 수 있다. 태양열 전지판은 에너지를 공급하는 외피로써 공학 전문가 외에 정책 전문가의 도움을 받을 수 있다. 이 모든 요소가 건물의 외적 아름다움에 영향을 미치는 것이기 때문에 건축가가 종합적으로 판단하여 그 균형점을 찾는 작업이 필요하다. 이렇게 여러 전문가들의 다양한 지식을 교환하고 수렴하기 위해 통합적 디자인 프로세스를 세밀하게 계획해야 한다.

건설 정보 모델링   현대에 들어 건축디자인은 디자인적 요소 이외에 환경에 대한 영향 평가, 사용자의 의견 반영, 비용에 대한 예측 등 그 요구조건이 보다 전문화·다양화되었다. 이와 동시에 여러 전문 지식을 통합하려는 경향도 강해졌는데, 이는 서로 다른 분야의 전문가들 간에 정보의 커뮤니케이션 부재로 인한 비용증가에 대한 인식에 주로 기인한다. 이렇게 보다 전문화되고 파편화되는 다양한 정보들을 하나의 정보 체계로 통합함으로써, 불완전한 소통으로 인한 시간과 인력의 낭비를 줄이는 노력이 바로 건설 정보 모델링building information modeling 이다. 보다 협의적인 의미로 건설 정보 모델링은 건축디자인 과정 전체에서 파생되는 정보들을 디지털화하는 것을 말하는데, 기하학적인 데이터뿐만 아니라 각 건축 요소와 연관된 비기학적인 정보를 포함한다.

현재 건설 정보 모델링은 건축디자인의 새로운 패러다임으로서 매우 커다란 주목을 받고 있다. IT 기술이 가진 여러 장점들—큰 정보 데이터 베이스의 효율적인 운용, 기하학 정보의 변경의 수월성, 통신기술을 이용한 정보의 공유 등—은 기존의 파편화된 건축디자인 프로세스의 매우 매력적인 대안이 되고 있기 때문이다. 건설 정보 모델링의 이러한 잠재력으로 인해 국내외 많은 캐드^{CAD} 소프트웨어 회사뿐만 아니라 설계 회사와 건설 회사 및 정부와 학계는 많은 투자를 아끼지 않고 있다. 그러나 초기에 그려졌던 이상적인 계획에 비해 그 실행에 있어서 많은 시행착오가 나타나고 있으며, 구성원들 간의 이해의 충돌도 점차 심화되고 있다. 소프트웨어 교육과 사용에 필요한 부가적인 비용의 문제, 소프트웨어 독점의 문제, 기존 직무의 변화에 따른 책임과 보상의 문제 등이 그것이다. 이러한 기존 프로세스와의 충돌은 IT 기술에 기반을 둔 새로운 디자인 패러다임으로의 전환에 걸림돌이 되고 있다.

건설 정보 모델링 관련 소프트웨어 기술은 캐드 소프트웨어 기술의 발달로부터 시작된다고 할 수 있다. 이반 서덜랜드$^{Ivan\ Sutherland}$가 최초로 개발한 스케치 패드는 컴퓨터 화면 위로 선 등의 기하학적인 도형을 직접 그릴 수 있도록 해 주었고, 이는 컴퓨터 그래픽스 기술의 시발점이 되었다. 이후 캐드와 그래픽스의 발전은 주로 보다 복잡한 물체를 가상의 3차원에서 현실적으로 보여 주는 것에 집중되었다. 한정된 컴퓨팅 자원 내에서 보다 간단한 수학적인 표현을 통해 3차원 도형을 표현할 수 있게 되었고, 표면에 2차원 텍스처를 입히는 기술, 빛의 상호작용을 표현하는 기술은 가상현실 내의 물체에 현실감을 더하였다. 이러한 시각화 기술의 발달은 캐드 및 그래픽스 기술의 타 분야로의 적용을 가속화하였다. 건축디자인에 있어서도 디자인 프레젠테이션의 목적으로 매우 현실감 있는 렌더링 기술이 활용되었다.

이러한 경향과 더불어 보다 건축디자인에 특화된 컴퓨터 소프트웨어 기술의 발전이 활발해졌다. 이전 기하학 도형의 시각적 표현에 중점이 되었던 노력은 점차 디자인 행위에 특화된 작업으로 다양화되었다. 선과 면

▶ 오토데스크
월드 프레스 행사 장면
ⓒ Shaan Hurley

등의 기본적인 도형은 집합을 이루어 공간을 표현하였고, 공간은 다시 크기와 용도, 다른 공간과의 관계라는 정보가 부가되었다. 이는 객체 중심이라는 프로그래밍 개념에서 차용된 객체 중심 캐드 프로그램으로 불리게 되었다. 근래에 들어 친환경건축에 대한 요구는 빛, 열, 음환경 등 환경요소를 시뮬레이션하는 소프트웨어로 나타났고, 구조적 안전성을 진단하는 시뮬레이션 기술, 복잡한 공간에서 사람의 동선을 예측하는 기술, 전체적인 비용을 산정해 주는 기술 등도 소프트웨어의 형태로 사용자에게 제공되었다.

건설 정보 모델링은 객체 중심 캐드시스템의 가장 현대적인 형태라고 할 수 있으며, 건축디자인 행위 중에 생성되는 정보를 통합된 단일한 데이터베이스 형태로 유지함으로써 그 구성원들이 언제든 접근 가능하도록 하는 것을 이상으로 하고 있다. 즉, 이전에는 평면도, 입면도, 투시도 등으로 나누어져 있던 도면들은 하나의 3차원 모델을 바라보는 여러 시점으로부터의 정보가 됨으로써, 사용자가 하나의 3차원 모델의 기하학 정보를 수정하면 그와 연결된 다양한 형태의 정보들은 자동으로 변경된다.

건축디자인 과정 중 필요한 지식의 복합적 성격은 다양한 지식의 통합이 매우 어려운 작업임을 예측할 수 있게 해 준다. 이에 대한 대응방안으로 국제건설정보표준연맹International Alliance for Interoperability, IAI에서는 소프트웨어 간의 소통이 가능할 수 있도록 표준화된 프로토콜을 만들었다. IAI는 1994년 오토데스크사에서 시작한 캐드 소프트웨어용 C++ 어플리케이션을 제작하는 업체들 간의 소통을 위해 만들어진 컨소시엄으로 점차 그 규모가 커짐으로써 비영리단체로 진화하였다. IAI는 소프트웨어 간 데이터 교환을 수월하게 하려는 목적으로 공통된 C++ 프로그래밍 클래스를 정의하였는데, 이를 산업표준클래스Industry Foundation Class, IFC라고 말한다. IFC는 현재 ISO 제도 표준이며, 이 기준을 따르고 있는가의 여부는 특정 건설 정보 모델링용 소프트웨어의 호환성을 나타내는 중요한 지표로 사용되고 있다.

미국건축가협회는 건축실무기술Technology in Architectural Practice, TAP 건설 정보 모델링 상BIM Awards을 2005년부터 수상하고 있다. 7개의 세부 분야 중 미학적 아름다움을 강조한 A 분야의 처음 수상작은 아럽Arup 건축 사무소가 2008년 베이징 올림픽 경기를 위해 디자인한 베이징 국제수영센터가 차지했다.

베이징 국제수영센터의 가장 큰 특징은 공기방울과 세포의 형태에서 영감을 얻은 다각형으로 이루어진 파사드이다. 매우 얇은 두께를 가진 외피는 불소수지 필름Ethylene tetra fluoroethylene, ETFE이라는 소재로 제작되었는데, 무게가 유리의 1%에 불과할 뿐만 아니라 빛의 투과율과 단열율이 월등히 높은 재질이다.

디자인 과정에는 벤틀리사의 구조 및 모델링을 위한 소프트웨어 군이 사용되었다. 처음으로 3D 모델링을 통해 외형이 만들어진 후, 이는 구조해석을 위해 텍스트 형태로 변환되었다. 구조적 해석이 완성된 후 철제 구조가 자동 생성되었으며, 이는 다시 새로운 형태의 데이터로 변환, 고속조형기술rapid prototyping을 통해 실제 3차원 모델로 구현되었다. 디자이너들이 직접 알고리즘을 구현, 적용할 수 있게 하는 스크립트 인터페이스도 빈번

⬆ 베이징 국제수영센터 외부
ⓒ ⓘ angus_mac_123

⬇ 베이징 국제수영센터 내부
ⓒ ⓘ Jmex60

하게 사용되었는데, 이는 전체 디자인 기간을 크게 단축함으로써 건축 수
주에 결정적인 역할을 하였다.

　이 사례는 건설 정보 모델링을 사용한 초창기 예의 하나로 매우 실험적
인 시도였다고 볼 수 있다. 데이터의 빈번한 변환이 상당히 중요한 기능임
을 보여주고 있으며, 기술에 대한 믿음은 비단 공기의 단축뿐만 아니라 디
자이너들이 보다 창조적인 일에 시간과 노력을 더 들일 수 있도록 해 줌
을 알 수 있다.

건설 정보 모델링의 장점은 이렇듯 반복적인 작업을 자동화시키고 수작업을 줄임으로써 시간과 비용을 단축하고 불완전한 정보로 인한 잘못된 의사결정을 막아주는 데 있다. 하지만 여러 다른 사례에서 나타난 문제점들도 적지 않은데 다음과 같은 예들이 있다.

* 소프트웨어 독점으로 인한 이익의 집중
* 소프트웨어 사용을 위한 훈련 기간 및 비용
* 기존 직무의 변경으로 인한 보상의 재정의
* 경험 부족으로 인한 예산의 낭비
* 소프트웨어 간의 상호 호환성
* 대용량 데이터의 관리 및 운영

이 모두가 프로젝트의 성패에 영향을 미치는 중요한 요소로 건설 정보 모델링이 일반적인 디자인 프로세스로 받아들여지기까지 많은 어려움이 있을 것임을 암시하고 있다.

건설 정보 모델링은 기존 건축디자인 프로세스에 매우 급진적인 변화를 가져옴으로써 여러 참여 집단들이 새로운 형태의 협력에 적응할 것을 요구하고 있다. IT 기술의 발전은 디자인 프로세스를 보다 투명하게 만들어 줄 뿐만 아니라 인간의 영역인 창조적인 작업에 집중할 수 있게 한다. 새로운 패러다임으로 성공적인 연착륙을 위해서는 정보 처리 주체 간의 장벽—서로 다른 소프트웨어 사이, 소프트웨어와 인간 사이—을 얼마나 낮출 수 있는지가 관건이라 할 수 있다.

1 마니토바 하이드로사 사옥 신축 공사
(Manitoba Hydro's new head office)

북미 캐나다의 정중앙에 위치한 마니토바 지역은 매우 높은 일교차와 강한 바람을 지닌 극한의 자연환경을 지니고 있다. 이 지역에 수력 발전을 통해 전기를 공급해 온 마니토바 하이드로사는 사옥을 신축하면서 새로운 건축디자인 모델을 제시하기로 결정하였고, 그 달성방법으로 캐나다 정부가 제시한 통합적 디자인 프로세스 가이드라인을 통한 극도로 높은 에너지 효율을 달성하는 것을 선택하였다. 마니토바 하이드로사는 명확한 원칙 아래 다양한 디자인 구성원들이 디자인 초기부터 충분한 시간을 두고 논의할 수 있게 함으로써 기존의 건물들보다 5배 이상 높은 에너지 효율을 달성할 수 있었다.

2 디자인 프로세스

이 프로젝트는 세 회사의 컨소시엄으로 구성되었다. 디자인을 총괄하는 건축가로 토론토의 KPMB사가 선정되었고, 스미스 카터[Smith Carter]는 실시 설계사로서 전체 프로세스를 관장하고 조율하였다. 독일의 트렌솔라[Transsolar]사는 디자인 초기단계에서부터 에너지 효율과 관련된 조언을 하고 실현하는 역할을 맡았다. 이렇게 조직된 구성원들은 먼저 다음과 같은 디자인 목표에 합의를 하였다.

* **협조적인 작업공간** : 현재와 미래의 요구를 위한 기술 및 작업 공간의 변화에 상응할 수 있는 2천 명의 고용자를 위한 건강하고 효율적인 현대적 오피스 환경 조성
* **세계적 수준의 에너지 효율** : 캐나다 정부가 제시하는 가이드라인보다 65% 이상 높은 에너지 효율
* **에너지 성능** : 최소 리드[LEED]의 골드 레벨 인증
* **시그니처 건축** : 주변 지역에 마니토바 하이드로사의 중요성을 기념하고, 주변 도심 환경을 개선할 수 있는 디자인
* **도심 재생** : 도심의 지속가능한 미래에 이해하고 강화하는 데 기여
* **비용** : 효율적인 비용과 건전한 투자

　　디자인 과정에서 특이할 점은 디자인 초기단계에서부터 충분한 시간을 배분하였다는 것이다. 콘셉트 디자인에만 1년의 기간을 두었으며, 이후 1년간은 도출된 디자인들이 평가 기준에 충족하는가를 점검하는 데 활용하였다. 평가 기준으로는 건축적 요소, 구조적인 요구조건, 에너지 절약률,

⬤ 마니토바 하이드로사 사옥 전경

▶ 마니토바 하이드로사 내부
ⓒ ① ◎ tonyney

비용, 시공 시 고려사항 등 거의 모든 건축과 관련된 사항이 포함되었다.

이를 통해 16가지 옵션이 3개의 후보로 좁혀지게 되었다. 테스트를 거쳐 최종 결정된 안은 A자 모양의 건물로, 중앙의 아트리움을 중심으로 여러 개의 매스가 결합되는 형태를 가진다.

3 통합적 디자인 요소

앞서 제시된 프로젝트 원칙과 목표를 충족시키기 위해 여러 가지 통합적 디자인 요소들이 사용되었다. 건물의 동서쪽을 둘러싸는 외피를 이중구조로 함으로써 외부 기후에 대한 완충지대 역할을 하도록 하였다. 또한, 자연환기시스템을 사용하여 바깥의 신선한 공기가 바닥을 통해 유입되도록 하였는데, 유입된 공기는 천장을 통해 흘러가고 태양굴뚝solar chimney에서 모아져 지하 난방을 위해 겨울에는 아래로, 여름에는 위로 이동되거나 외부로 배출된다. 지열을 사용하여 화석 에너지의 사용을 줄였고, 콘크리트 매스를 열역학적인 완충재로 고려함으로써 낮에는 열을 흡수하고 밤에는 열을 발산하도록 하였다.

에너지 절약뿐만 아니라 내부 거주자들의 쾌적도 향상을 위한 노력도 병행하였다. 옥상공원은 쾌적한 휴식공간일 뿐만 아니라 좋은 단열재 역할을 한다. 자연 채광을 극대화하였는데, 이는 최대한 건물 내부로 빛을 반사시키는 슬래브, 선택적으로 빛을 차단시키는 자동화·개인화된 차양을 통해 이루어졌다. 난방을 위해 복사열 방식을 채택하였는데, 이는 뜨거운 공기를 배출하는 방식이 아닌 온수가 건물 바닥을 통과하여 간접적으로 난방을 하는 방식이다. 우리나라 온돌 방식이 이에 속하는 데, 기존의 스팀 방식에 비해 더 높은 쾌적도를 지니는 것이 특징이다.

이외에도 건물의 공공성을 고려한 공공 정원과 사람들이 드나들 수 있는 복도식 갤러리를 디자인함으로써 커뮤니티에 대한 서비스 요소를 더하였다.

4 성과

가장 큰 성과는 상기하였다시피 높은 에너지 절약률이다. 프로젝트 시작 시에는 정부가 제시하는 기준으로 연간 에너지 사용량 대비 60% 감소를 목표로 하였으나, 프로젝트 완성 시에는 이를 초과한 66% 감소를 달성하였다. 이러한 결과는 미국건축가협회를 포함한 수많은 건축 단체들의 상을 수상하는 성과로 이어졌다. 이 프로젝트의 성공 비결은 장기적인 에너지 절약이 가져다 주는 비용을 고려, 초기 디자인과 새로운 기술 도입에 적극적으로 투자를 아끼지 않은 것이라고 할 수 있다. 클라이언트의 철학과 의지, 충분한 디자인 기간, 여러 전문가들의 통합적 마인드, 적절한 인센티브, 공공성에 대한 고려, 사용자의 쾌적성 향상에 대한 노력 등 어느 하나 쉽지 않은 과정이 결합하여 기념비적인 결과를 낳았으며, 이는 기존 건축디자인 프로세스에 많은 시사점을 던져 준다.

통합적 건축 공간
디자인의 미래

건축디자인에 있어서 통합디자인적 접근은 근본적으로 더 효율적인 과정과 질 높은 결과를 위해 구체적인 구현에 앞서 여러 참여 주체의 목소리를 들어 보는 것이다. 이는 기술적인 발전, 환경학적 문제, 소통에 대한 사회적 요구에도 불구하고 이에 부응하지 못하고 있는 기존 프로세스에 대한 시대적 자각에서 출발한다. 그러나 이러한 혁신의 필요성에도 불구하고 가시적인 성과로 이어지기가 쉽지 않아 보이는 이유는 통합적 프로세스가 기존 디자인 주체의 역할에 대한 적지 않은 변화를 가져오기 때문이다.

　더 많은 주체 간의 소통은 필연적으로 커뮤니케이션을 위한 간접비오버헤드의 증가로 이어진다. 기획기간의 증가, 참여 주체 선정의 문제, 소통을 위한 자료의 준비, 의견수렴 비용, 새로운 도구에 대한 교육의 필요 등의 기존에 존재하지 않았던 여러 작업들이 더해지게 된다. 이는 기존 프로세스에 최적화되었던 작업량—보상의 관계가 세밀하게 재정의되어야 한다는 것을 의미한다. 또한, 이보다 더 큰 변화는 디자인 헤게모니의 중심이 클라이언트—건축가의 일원적 관계로부터 공학 기술자, 하청업체, 그리고 커뮤니티까지 포함하는 다원적 관계로 넓혀진 것이다. 일례로 친환경건축이라는 주제와 관련하여 디자인적 접근을 표방하는 건축가 그룹과 공학적인 솔루션을 제공하는 환경전문가들 사이에서 주도적인 역할을 누가 하느냐가 뜨거운 이슈로 떠오르고 있다. 따라서 새로운 역할에 대한 적절한 보상 체계와 제도적인 뒷받침 없이는 통합디자인은 참여 주체들 사이의 갈등을 조장함으로써 오히려 건축물의 질을 저하시킬 위험을 안고 있다.

　그러나 기존의 국내 건축디자인의 여러 뿌리 깊은 문제들의 해결방안으로 통합적이고 투명한 방법으로 매우 적절해 보인다. 밀실 평가, 과실의 집중, 획일화된 디자인, 엘리트주의, 재하청으로 인한 질의 저하, 안전사고

등은 수준 낮은 건축문화를 가져왔고, 이는 국가의 이미지에 커다란 저해 요소로 작용해 왔다. 기존의 파편화된 디자인 과정에서 벗어나 하나의 공통된 목표 아래 여러 주체들의 전문적 지식을 모으고, 위험 요소를 제거해 나가는 통합적인 관점은 기존 국내 관행에 대해 시사하는 바가 매우 크다.

　건축물이 하나의 자산이라는 관점에서 벗어나 거주자들의 삶의 질 향상에 도움이 되는 문화 요소로 인식되는 것은 모든 국내 건축가들의 오래된 숙원이다. 친환경에 대한 요구, 디자인에 대한 인식의 변화, 문화 경쟁력에 대한 강조는 건축문화가 한 단계 도약하기 위한 중대한 계기가 될 수 있다. 통합적인 관점은 그 조직과 시행의 어려움에도 불구하고 건축물을 총체적인 관점에서 바라볼 수 있게 함으로써 참여 주체들의 인식의 변화와 실질적 프로세스의 개선에 크게 기여할 수 있을 것이다.

통합디자인 교육과 정책

통합디자인 교육과 정책

Education and Policy
of Integrated Design

디자인 교육의
변화

지금까지 제품과 서비스의 기능을 중심으로, 편익의 다양성과 생산자 중심의 효율성과 경제적 측면을 강조하는 도구적 개념으로의 디자인이 점차 변화하고 있다. 가시적 목적과 결과를 도출하기 위한 도구로서 사용되던 디자인이 사용자들이 얻게 되는 무형의 가치, 새로운 문화 창조의 방법으로 이해되고 있는 것이다. 즉, 디자인을 통해 물질적 만족감이 아닌 제품과 서비스의 사용과 경험을 통해 새로운 문화, 라이프스타일을 체험하고 이를 통해 만족감을 제공하는 것이 중요하다는 인식의 변화가 나타나고 있는 것이다. 따라서 현대 디자인의 대상과 범위는 상품의 스타일링과 기능에 한정되는 것이 아니라, 제품과 연계된 서비스, 소비에 따른 가치, 체험, 행동, 라이프스타일 등 무형의 범위로 점차 확장되고 있다.

물질적 소비대상에 대한 디자인의 범주를 넘어 무형의 가치와 감성을 경험하고 소비하기를 원하는 이 같은 변화는 디자인 영역과 방법의 영역을 벗어나 산업계 전반에 걸친 혁신을 요구하게 된 것이다.

> *기업들은 디자이너에게 이미 완성된 아이디어를 매력적으로 포*
> *장할 만한 방안을 요구하는 대신, 소비자의 요구와 욕망을 충*
> *족시킬 수 있는 아이디어를 요구한다. 과거에는 디자이너에게*
> *전술적인 역할만을 요구하였고, 그 결과 디자이너가 창출할 수*
> *있는 가치의 수준도 제한되어 있었다. 하지만 요즘은 디자이너*
> *에게 전략적인 역할을 요구하며, 그 결과 디자이너도 새로운 가*
> *치 창출에 커다란 기여를 하게 되었다.*
>
> *- 팀 브라운^{Tim Brown}, 2008*

디자인 사고^{design thinking}라는 개념은 이러한 사회 변화와 맥락을 같이 하여 등장하였다. 디자인 사고는 인간을 중심으로 하는 창조적 문제해결방법 중 하나로, 디자인의 프로세스에서 보이는 분석적·과학적 사고와 직관적이고 유연한 사고의 균형을 기반으로 한 문제해결 방법이다. 현재 디자인 사고의 개념과 방법이 이슈가 되고 있는 것은 기존의 사업과 기술의 한계를 뛰어넘기 위한 혁신성의 필요에 기인한다. 즉, 디자인 사고에 대한 관심은 창조적 문제인식과 해결, 유연한 사고의 확장을 통한 디자인적 사고를 기존의 비즈니스와 기술에 접목하여 보다 혁신적인 결과를 도출하기 위한 노력에서부터 출발한 것이다. 이와 같이 디자인 사고를 필요로 하는 영역과 적용범위는 단순히 신제품의 디자인 개발뿐만 아니라 기업의 경영, 비즈니스, 신개념 서비스의 개척 및 사용자 분석을 통한 새로운 기술의 발굴 등 다양한 영역과 범위로 확장되고 있다.

로저 마틴^{Roger Martin, 2009}은 직관과 분석이라는 두 가지 사고방식의 조화를 통해서 혁신이 가능하며 이와 같이 직관과 분석의 통합적 사고방법을 디자인 사고라고 정의하였다. 그는 분석적 사고에 기반을 둔 완벽한 숙련과 직관적 사고에 근거한 창조성이 서로 상호작용하여 균형을 이룰 때에 진보된 사고와 혁신이 가능하다고 하였다. 혁신적 디자인 기업으로 알려진 아이데오^{IDEO} 회장 팀 브라운은 디자인적 사고를 하는 사람의 특성을 감정이입^{empathy}, 통합적 사고^{integrative thinking}, 경험주의^{experimentalism}, 협업

collaboration이라고 정의하여 분절적 사고가 아닌 통합적인 디자인의 접근을 강조하고 있다. 통합적이며 감성적이고, 유연한 디자인적 사고야말로 체험과 문화, 라이프스타일의 창조라는 새로운 시대의 디자인 전문가에게 필요한 특성일 것이다.

무형의 가치가 중시되는 사회환경, 통합적이며 유연한 사고의 중요성, 이러한 사회문화 환경의 변화에 따라 디자인 교육도 변화하게 되었다. 즉, 도제식 조형교육을 바탕으로 심미적으로 완성도 있는 디자인 결과물을 우선시했던 전통적인 디자인 교육과 달리, 협업을 통한 통합적인 사고와 전일적 프로세스의 관리, 새로운 경험과 유무형의 가치 창출의 중요성이 대두되었으며, 이를 위한 새로운 개념의 디자인 교육이 필요하게 된 것이다. 즉, 통합적 관점을 가지고 관련 지식과 기술, 프로세스를 관리함으로써 기존의 개념과 범위를 넘어선 새로운 가치와 경험을 제공하는 디자인 결과물의 도출이 통합디자인 교육에 필요하게 된 것이다.

사회적 변화에 부응하려면 디자인 교육이 변해야 한다는 목소리는 오래 전부터 있어 왔지만 교육의 혁신이 제대로 이루어지기 전에 먼저 시장에서의 변화가 일어났다. 21세기에 들어서면서 많은 기업들은 창의성을 목적으로 다양한 형태의 협업을 시작하였고, 통합적 라이프스타일을 제안하는 디자인이 소비자의 각광을 받게 되었다. 이에 따라 학계에서도 서둘러 융합교육과 통섭의 이론을 제시하는 통합디자인 교육프로그램을 개발하기 시작하였다.

통합디자인에 대한 사회적 요구에 발맞추어 디자인 교육도 조형 중심의 교육으로부터 통합적 지식체계 중심의 다학제적 커리큘럼으로 변화되는 과정을 겪고 있으며, 대학의 교육목표에 따라 보다 적극적인 통합디자인 교육프로그램이 만들어지고 있다.

통합적 디자인 교육의 확대

통합적 사고의 필요성과 협업을 통한 영역 확장의 중요성은 디자인 교육의 변화를 불러일으켰다. 다학제적 교육과 팀 단위의 협업을 유도하는 학습 방법, 학습의 목표를 스스로 문제탐구를 통해 정해 나가는 자기주도적 학습 등 다양한 변화가 디자인 교육에 나타나고 있다.

통합적 디자인 사고의 필요성으로 처음 시도된 방법은 다학제적 교육의 도입이었다. 다학제적 교육은 다양한 관련 전공 교수들이 돌아가면서 지식을 제공하고, 학생들은 다양한 영역의 지식을 수용, 선택하여 지식의 폭을 넓히는 방식이었다. 그러나 지식의 융합과 선택의 방식 등이 제공되지 않고 일방적인 지식을 전달하는 일방향적이고 개인적 차원의 다학제적 교육은 크게 통합적 사고의 확산을 가져오지는 못했다. 초기에 다양한 전공자들을 묶어 같이 교육시키는 방법에서 더 나아가 현재는 프로젝트식의 협업과 프로그램을 통해 보다 현실적인 문제들을 위한 혁신적 문제해결이라는 측면에서 통합적 교육방법들을 다루고 있다. 즉, 보다 명확한 주제와 목표를 가진 주제 중심의 다학제적 협업이 강조되고 있는 것이다. 명확한 주제와 협업의 목표를 통해 다학제적 지식의 선택적 융합과 가시적 결과는 더욱 강화되었다. 이와 같은 방법이 현재 활성화되고 있는 이유 중 하나는 지식 기반의 미래사회에서 가장 중요한 경쟁력을 창의적이며 혁신적인 사고로 보고 있는 산업체와 정부기관이 늘고 있기 때문이다. 또한, 창의와 혁신은 디자인적 사고와 다학제적 협업에 기반을 둔 통합적 디자인으로 가능하다는 기대 때문이기도 하다.

현재 많은 국가들이 미래산업의 방향성을 창의적이며 차별적인 지식의 생산이라는 측면에서 접근하고 있다. 이 중 가장 적극적인 영국은 미래 국가적인 생산성, 수행능력, 지속가능성을 지원할 수 있는 도구로 창의성을 내세우고 있으며, 창의적 기술, 미래 비즈니스 리더, 엔지니어, 기술자로서의 안목을 확대할 수 있는 다학제 교육 및 기업 연계프로그램을 강화하고 있다. 이들은 영국 산업의 혁신적인 디자인을 강조하고 있으며, 지식의 교류와 대학 간 협업을 강조하는 디자인 교육 커리큘럼의 개발을 지원하고 있다. 전체 8여 개의 프로그램이 영국 정부의 지원으로 운영되고 있는데, 이들은 다학제 간 협업을 통한 디자인 프로그램이라는 공통점이 있다. 이 프로그램의 일부는 교육과 연구센터 형성에 초점을 맞추고 있으며, 다른 프로그램은 졸업 후 타 영역의 지식을 기반으로 디자인을 접목시킬 수 있도록 지원하는 교육프로그램을 개발하고 있다. 대학에서 통합적 디자인 교육을 진행하고 있는 학교는 영국 왕립예술학교RCA의 IDEInnovation Design Engineering, 영국 골드스미스대학Goldsmith University의 Design, Creativity & Learning, Design & Innovation, Design Futures 프로그램 등이 있다.

디자인 사고의 혁신에 따른 다학제 디자인 교육의 확대는 유럽의 대학 여러 곳에서 나타나는데, Industrial Design, Design Engineering, Product Innovation & Management의 3개의 전공을 중심으로 다학제 교육을 운영하고 있는 네덜란드의 델프트 공과대학TU Delft, 아인트호벤 공과대학TU Eindhoven이 있으며, 핀란드 헬싱키경제대학, 헬싱키예술디자인대학, 헬싱키기술대학을 합친 알토대학Alto University은 다학제 협업프로그램인 IDBMThe International Design Business Management과 PDPProduct Development Project를 운영하고 있다. IDBM의 경우 Nokia, Kone, Desigence와 같은 회사들과 지속적 협업을 하고 있으며, 졸업 후 학생들이 현업에서 일할 수 있도록 지원하고 있다. 네덜란드와 핀란드의 통합적 디자인 교육은 공대를 중심으로 디자인, 기술, 경영이라는 세 영역의 다학제 교육을 하고 있다.

미국은 스탠포드대학Standford University, 메사추세츠 공과대학MIT, 카네기멜론대학Carnegie Mellon University, 노스웨스턴대학Northwestern University, 일리노이공대Illinois Institute of Technology, 파슨스 뉴스쿨Parsons The New School for Design 등을 중심으로 통합적 디자인 학위과정 및 산학프로그램 등을 운영하고 있다. 이 중 스탠포드 대학의 d-school은 다른 과목과의 협업을 통해 다학제적 교육을 확장하고 있으며, MIT 미디어 랩Media Lab은 엔지니어, 예술, 건축, 과학 분야의 다학제적 팀원들의 구성을 통해 통합적이며 혁신적인 사고를 확장할 수 있도록 유도하고 있다. 스탠포드대학의 d-school과 MIT 미디어 랩

Media Lab은 주로 엔지니어링^{기계공학, 전기공학, 컴퓨터공학} 분야를 중심으로 통합적 교육이 이루어지고 있으며, 일리노이 공과대학교^{IIT}의 Institute of Design은 비즈니스 분야^{마케팅, 매니지먼트}, 디자인 분야^{제품디자인, 커뮤니케이션 디자인}, 그리고 인류학 분야^{에스노그라피 연구방법론}의 다학제적 교육을 통해 통합교육을 실천하고 있으며 산업체와의 협업 관계와 지원을 통해 보다 사회의 현실적 문제와 연결하고 있다. 이들은 산학협동을 통해 디자인 협업의 결과물의 적용과 확대라는 측면에서 산업 환경과 상호 밀착된 교육을 실시하고 있다.

　아시아는 통합디자인 교육프로그램이 상대적으로 늦게 시작되었지만, 새로운 프로그램 개발이 매우 활발하게 이루어지고 있다. 우리나라의 경우 정부산하기관인 한국디자인진흥원의 통합 및 산학연계프로그램 지원사업이 2007년 이래 현재까지 진행되고 있다. 대학교육으로는 연세대학교, 서울대학교, 단국대학교 등을 중심으로 다학제적 통합디자인전공 개설 및 관련 교육을 진행하고 있다. 1996년에 새로운 개념의 디자인 학과로 개설된 연세대학교 생활디자인학과는 통합디자인을 교육의 목표로 하고 있다. 인간, 생활환경, 라이프스타일에 기반을 둔 통합적 디자인 능력을 기르도록 하기 위한 목표를 가지고 다년간의 연구와 실습과정을 거쳐 통합디자인의 교육적 접근을 시도하고 있다. 생활디자인학과 커리큘럼의 주요 내용은 기초조형과정을 강화하여 표현력을 기르고, 인간환경·미래기술·전

◐ 2013 국민대학교 조형전
졸업전시 '창업주의원년'

통·미학·디자인 경영 등을 통해 디자인 분야를 초월하여 어떠한 디자인 문제에도 접근할 수 있는 디자인 사고 및 기획력을 강화하는 교육프로그램이다. 통합디자인스튜디오 과목은 트렌드 분석에서 표적시장 발굴, 브랜드와 상품개발까지 전 과정을 실습하도록 구성되어 있다. 제품, 패션, 시각 정보를 기반으로 하는 이러한 통합적 사고의 교육은 미래사회가 요구하는 디자이너를 양성하는 실험적 과정으로 평가된다.

새로운 비즈니스를 개척하는 기업가 정신의 중요성이 성장의 주요 동력으로 인식되면서 비즈니스와 브랜드 중심의 통합적 디자인 접근에 대한 시도가 점차 확산되고 있다. 개인 작업 중심의 전시에서 통합적 전시로

▶ 통합디자인 사례
© 연세대학교 생활디자인학과

의 다양한 시도가 나타나고 있는 것이다. 2013년 국민대학교 조형전의 졸업작품 전시 기획문은 이러한 변화를 잘 보여주고 있다. 졸업전시 주제를 '창업주의원년創業主義元年 2013 내가 주인이 되자'에서 이제는 개별 디자인이 하나의 비즈니스 콘셉트로 통합되고 사회적 경제적 효과를 창출할 수 있는 동력으로 디자인의 역할이 통합되어야 함을 언급하였다. 이 전시에서 다양한 통합된 테마를 바탕으로 여러 학생들의 작품이 하나의 통합된 아이덴티티를 형성하도록 전시를 진행하였다.

　디자인 전략을 위한 교육과정School of Design Strategies, SDS을 표방하고 있는 뉴욕의 디자인 대학 파슨스에서는 보다 적극적인 교육적 접근으로 학부과정에 통합디자인전공을 개설하였다. 전공의 주요 영역은 지속가능디자인, 서비스디자인, 패션디자인, 도시계획 등으로 통합디자인 교육을 통해 디자인의 사회적 기여를 폭넓게 확장시키려는 데 그 목적이 있다. 통합디자인 전공 커리큘럼의 주요 내용은 통합적 기초조형, 핵심 과목으로 생태학과 시스템, 인터페이스와 네트워크, 미디어와 디자인 사고, 인문학, 역사, 미술사, 글로벌 이슈, 통합디자인스튜디오 등으로 구성되어 있다. 이러한 커리큘럼은 어떠한 분야의 디자인 문제라도 접근할 수 있는 통합적 능력을 기르는 데 효과적일 것으로 보인다. 통합디자인의 교육내용은 디자인 분야 간의 코디네이션을 위한 통합적 디자인 프로세스와 다학제적 지식과 정보를 활용한 창의적 디자인 과정을 모두 포함해야 한다. 다시 말해서 통합디자인은 산업시대에 분업화되었던 기술적 디자인으로부터 보다 폭넓은 문제해결능력과 창의력 함양을 위한 미래지향적 디자인 개념과 방법으로 정의할 수 있으며, 이를 위한 구체적인 사례와 방법론을 지속적으로 개발해야 하는 것이다.

통합적 디자인 교육프로그램　　　다학제 기반의 통합적 디자인 교육의 방법은 다양하게 발전하고 있으며 그 범위도 확대되고 있다. 현재 세계의 통합적 디자인 교육은 크게 대학의 통합디자인전공의 형태, 대학원의 통합프로그램으로 분류할 수 있다. 다음은 각 유형별 대표 사례를 중심으로 통합적 디자인 교육의 유형과 특성을 살펴보고자 한다.

1 학부과정에서의 통합디자인전공

지금까지 대부분의 통합적 디자인 교육은 핵심 기술의 습득 후 기술과 마케팅, 디자인의 통합적인 프로젝트를 진행하기 위한 특수 대학원 프로그램으로 개설되어 왔다. 그러나 핵심 기술의 습득과 통합 교육의 분리를 통한 교육방법의 효율성에 대한 이견도 있다. 즉, 학부과정에서 학습하는 전문 분야의 기술의 습득과정에서 다학제적 커뮤니케이션에 대한 학습이 배제되는 경우, 이후 대학원이나 산업체에서 타 학업 분야 및 산업 분야와의 커뮤니케이션에 많은 어려움을 겪게 되고 효과적 협업이 이루어지지 않는다는 것이다. 즉, 기초 교육에서의 통합적 교육을 통해 열린 사고를 배우는 것이 협업의 효율성을 극대화할 수 있다는 설명이다.

▶ 학부과정의 통합디자인
스튜디오, 연세대학교
ⓒ 이지현

● 파슨스의 The New School for Design 건물

현재까지 학부과정에 통합디자인전공이 개설된 대학은 많지 않지만, 학부과정에서부터 시작되는 통합적 사고의 필요성에 따라 점차 증가할 것으로 보인다.

현재 대학과정으로 통합디자인전공을 개설한 대학은 1996년에 설립된 연세대학교의 생활디자인학과와 2000년에 설립된 파슨스의 통합디자인전공, 2009년에 설립된 서울대학교의 통합창의디자인연계전공, 2012년에 설립된 연세대학교의 테크노아트학부 등이 있다.

이 중 국내 최초로 통합디자인을 표방하고 설립된 연세대학교 생활디자인학과는 제품디자인, 패션디자인, 시각디자인의 핵심 디자인 영역을 기반으로 인문사회적 기반 지식과 미래 기술과의 다학제적인 영역 간 통합디자인 교육을 실시하고 있다. 1~3년 동안 핵심 디자인 영역에 대한 전공 지식의 학습, 인문사회적 기반 지식과 통합디자인 방법론을 습득하고

3, 4학년에 협업을 통해 제품, 패션, 시각, 서비스 및 시스템 디자인 등 통합디자인의 프로젝트를 진행하는 교육방법을 사용한다. 즉, 학생들은 제품, 패션, 시각디자인 교육을 기반으로 라이프스타일, 문화, 미래의 가치 등을 통합적으로 기획하고 디자인하는 방법론을 습득하게 되는 것이다.

이와 달리 파슨스의 통합디자인전공은 다학제적 디자인 영역의 통합보다는 주제적인 통합을 지향하고 있다. 핵심 디자인 주제인 지속가능디자인, 서비스디자인, 패션디자인, 도시디자인을 주제로 학생들이 자유롭게 과목을 수강하면서 주제적 통합을 자율적으로 할 수 있는 시스템을 가지고 있다. 즉, 학생들이 1학년에 자유롭게 기초과목을 수강한 후 2, 3학년에 본인이 관심을 가지는 통합디자인 핵심 과목을 수강하고, 4학년에 산업체 인턴십을 하는 방법이다. 보다 다양한 영역을 배경으로 주제적 해석과 방법론에 접근하는 파슨스의 통합디자인전공 역시 통합디자인의 다양한 방법 중 하나가 될 것이다.

2005년에 시작된 SUTD^{Singapore University of Technology and Design}의 통합디자인 프로그램은 통합을 위한 전제조건으로 각 전공영역에 대한 전문성과 사회와 인류의 삶을 통찰력 있게 바라볼 수 있는 열린 시각을 강조하고 있다. MIT와의 협업을 통해 시작된 통합프로그램에서 학생들은 무엇보다 전공지식의 깊이를 위한 기초학문을 심도 있게 수강하게 된다. 그리고 이를 바탕으로 5주일에 한 번씩 자신의 지식을 바탕으로 사회, 혹은 인류가 처한 다양한 문제들을 창의적으로 발견하기 위한 프로젝트를 진행한다. 그리고 2학년과 3학년에는 인턴십 프로그램을 통해 자신의 디자인 역량을 실현하는 기초를 다지게 된다. SUTD 통합프로그램을 통해 우리는 통합디자인을 성공적으로 정착시키기 위한 두 가지의 전제조건을 생각해 볼 수 있는데, 그것은 전문성의 확보와 이를 바탕으로 하는 명확한 비전을 제시하는 것이다. 우리가 처한 다양한 문제들을 통찰력 있게 이해하고, 필요한 전문성을 결합할 수 있는 혜안이야말로 성공적 통합디자인 교육을 위한 전제조건이 될 것이다.

2 대학원 중심의 통합프로그램

디자인 런던^{Design London}은 2007년부터 런던 임페리얼 칼리지^{Imperial College London}의 경영대학, 공과대학과 왕립예술대학의 교육적 협업에 의해 만들어진 프로그램으로 교육, 연구, 비즈니스 인큐베이션 센터, 혁신기술 센터, 산업체 연계 교육프로그램 등을 운영하고 있다. 2005년부터 실시한 다학제적 교육을 시작으로 과학적 창의, 상업적 기술, 사용자 중심의 디자인을 통합하는 작업을 하고 있다. 런던 임페리얼 칼리지의 의학과 생명공학부, 왕립예술대학의 산업디자인과의 협업을 통해 새로운 디자인을 개발하고, 이를 런던 임페리얼 칼리지의 경영학 학생들이 시장성을 부여하는 방식의 프로젝트 등을 수행하였다. 디자인 런던은 MBA 학생들에게 디자인적 사고와 접근을 소개할 뿐 아니라 런던 임페리얼 칼리지의 공학계열의 교수, 연구원, 졸업생 중 일부를 뽑아 디자인 재교육을 하고, 창의적 아이디어를 새로운 사업화로 연계하는 방법을 가르친다. 사업화를 지원하는 기관은 비즈니스 인큐베이션 센터로 경영, 디자인, 기술 등의 다양한 배경을 가진 아이디어를 가능한 사업으로 전환시키는 역할을 한다. 인큐베이션 센터는 이 과정을 통해 적절한 기술자와 디자이너, 사업가 등을 짝지어 주는 역할을 하고, 특별히 선정된 사업은 자립 이전의 재정적 지원을 하기도 한다.

4D ^{Centre for Competitive Creative Design}는 크랜필드대학과 런던 칼리지 오브 커뮤니케이션^{London College of Communication}, 런던예술대학^{University of the Arts London}의 다학제 교육프로그램으로 2007년부터 시작된 석사과정이다. 디자인 런던과 달리 물리적 거리가 먼 대학들이 다학제 디자인 교육프로그램을 운영하는 특성이 있다. 다학제적 협업 디자인 프로젝트, 강의, 조인트 크리틱과 같은 프로그램으로 진행되며, 그룹 프로젝트와 함께 스튜디오 학습, 자기주도 프로젝트, 팟캐스팅^{podcasting}, 세컨드라이프^{second life} 프로그램이 다학제 교육에 사용된다. 프록터 앤드 갬블^{P&G}, 국민보건서비스^{NHS}, 포드, 닛산 등과 실제 프로젝트를 진행하고 있으며 기업을 위한 반나절 디자인 인

◀ 디스쿨의 협업공간
ⓒ①⑨ Klean Denmark

▶ MIT 미디어 랩 스튜디오
ⓒ①⑨ Ted Eytan

큐베이션 세션, 워크숍 등을 운영하고 있다.

2005년 설립된 스탠포드대학의 디스쿨D-School은 혁신과 디자인 사고를 표방하는 다학제 교육을 하고 있다. 디스쿨은 인간의 욕구와 사용성을 중심으로 한 인간의 가치human value, 기술technology, 비즈니스business의 통합적 접점으로 디자인을 정의하고, 디자인적 사고를 기반으로 문제해결능력을 교육하고 있다.

디스쿨은 협업을 기본으로 한 현장 밀착형 프로젝트 중심의 교육을 하고 있으며, 핵심 주제는 창의성, 사회적 기업, 지속가능성이다. 매 학기 다른 주제의 과목이 개설되며, 2명 이상의 교수가 같이 운영하는 팀 운영 방식이 있다. 팀은 공학기계/전자/소프트웨어, 경영마케팅/매니지먼트, 디자인제품/커뮤니케이션, 인류학 전공의 학생들로 구성되었으며, 에스노그래피 리서치ethnographic research를 기반으로 통합 프로젝트를 수행하고 있다.

MIT 미디어 랩은 미디어와 사이언스를 기반으로 혁신적인 디지털 기술의 다양한 적용을 중심으로 한 통합프로그램을 운영하고 있다. 디스쿨에 비해 연구 그룹 중심의 교육이 특징이며, 디지털 기반의 정보, 커뮤니케이션, 인터페이스 등을 중심으로 프로젝트 및 연구를 진행하고 있다. 노스웨스턴대학의 MPDMaster of Product Development, MMMMaster of Management and

Manufacturing Design 프로그램은 공학과 경영학과의 다학제 프로그램으로 2년 동안 23개의 주제를 다루는 집중 프로그램이다.

영국의 통합프로그램이 혁신성을 기반으로 산업체와의 연계성을 중심으로 전개되는 특성을 보인다면, 미국의 통합프로그램은 기술과의 접목을 통한 새로운 미래기술이라는 창의성을 중심으로 전개되는 특성을 보인다. 즉, 정도의 차이는 있으나 혁신, 창의, 미래는 통합프로그램이 공통적으로 추구하는 가치이다.

디자인 정책의
변화

국가 주도형 디자인 정책의 강화는 현재 세계 각국에서 나타나는 현상이다. 즉, 디자인을 통한 국가 경쟁력의 향상, 디자인 사고의 확산을 통한 산업계의 혁신, 통합적 디자인 전문 인력 양성용 프로그램 강화 등에 대한 요구는 국가 주도형 디자인 정책을 보다 강화시키고 있으며, 통합적이며 혁신적 디자인 사고의 필요성을 드러내는 것이다. 많은 국가들이 기존 산업의 활성화와 경쟁력 강화를 위해 혁신과 새로운 접근법이 필요하게 되었고, 틈새시장과 신규 시장 개척을 위한 디자인 사고의 가능성에 주목하게 되었다. 사고 방식의 변화와 혁신을 통한 무한한 가치 창출이라는 측면에서 디자인은 정책적으로 매력 있는 분야로 인식된 것이다. 많은 국가들이 더 이상 산업체에 대한 법적 규제와 정책의 강요라는 간접적 방법을 사용하지 않고, 디자인 진흥원이나 지원부서를 설립하며 디자인 사고를 통한 산업체의 혁신을 지원하고 있으며 산학교류 프로그램 및 산업체 전문가들의 재교육과 네트워크를 지원함으로써 통합적 사고와 혁신을 적극적으로 지원하고 있다. 또한, 디자인의 사회적 역할을 강조하고 공공 디자인, 서비스 디자인들을 적극 정책 개발에 활용하고 있으며 사회복지

정책의 일환으로 확대하고 있다. 디자인의 사회적 역할에 대한 강조는 공공디자인, 지속가능디자인, 커뮤니티디자인, 도시디자인, 서비스디자인 등 다양한 형태로 나타나고 있으며, 시민들의 적극적 참여를 확대함으로써 그 의미를 확장하고 있다. 현재 영국을 비롯한 미국, 핀란드, 네덜란드, 싱가포르, 한국, 일본 등 많은 국가들에서 디자인 사고와 혁신을 위한 다학제적이며 통합적인 산학 프로그램들을 확대하고 있으며, 디자인 기업가정신design entrepreneurship의 강조와 공공영역의 디자인 강화를 통해 디자인의 사회적 역할의 중요성을 확산시키고 있다. 특히 이들 국가 사이에서 나타나는 디자인 정책의 공통적인 특성은 디자인 사고의 강화와 다학제적이며 통합적인 디자인 사고 능력의 필요, 산학협력 프로그램의 확대이며 교육 시스템의 보완 및 국가의 체계적, 경제적 지원의 강화이다.

다음은 혁신적 디자인 사고의 강조를 통해 산업계의 활성화를 강조하고 있는 영국의 디자인 카운슬과 통합적 디자인 전문 인력 양성 및 산학 밀착형 디자인 교육과 정책을 강조하고 있는 한국의 디자인진흥원의 대표적인 사례를 통해 디자인 역할 변화에 따른 국가적 디자인 정책의 변화를 구체적으로 짚어 보고자 한다.

영국 디자인 카운슬, 통합적 사고와 혁신　　　1970년 설립된 영국의 디자인 카운슬Design Council은 디자인을 통해 영국의 사회적·경제적 부흥을 이룬다는 목표로 운영되는 정부기관이다. 디자인 카운슬은 디자인이 기여할 수 있는 방향을 크게 3가지로 나누어 제시하였다. 첫째, 디자인이 안전, 건강과 같은 사회적 요구에 부응하는 도구로 역할을 하는 것이고, 둘째, 환경과 지속가능한 공동체의 도구가 되는 것이며, 셋째, 디자인을 통한 산업에서의 혁신에 기여하는 것이다.

2012년 디자인 카운슬은 국가 디자인 정책을 강화하는 것, 새로운 국가 경쟁력에 대한 도전, 기업체 멘토링 서비스, 지역사회 생활환경 및 디

자인 질의 개선, 산업체, 교육계, 정부기관과의 네트워크 강화라는 방향성
을 정하였다. 디자인 카운슬은 현재 디자인 산업과 교육, 정부 정책 및 지
원 등의 체계적이며, 통합적인 시스템 및 네트워크 운영을 통해 영국 디자
인에 대한 경쟁력 강화, 산업진흥, 지역사회 환경개선 등 포괄적 영역을 체
계화하는 데 주도적 역할을 하고 있다.

디자인 카운슬의 역할은 크게 5가지로 나눌 수 있다.

첫째, 디자인 카운슬은 산업체에 통찰력^{insight}을 제공하는 역할을 한다.
이들은 디자인 사고를 통한 비즈니스 기회의 확장을 지원하는 역할을 하
고 있으며, 공공 영역에서 디자인의 역할을 강화하는 주체로서 기능하고
있다. 이를 위해 디자인 사고와 혁신의 기법을 공유하고 디자인을 통한
경제적 성장의 사례들을 분석한 자료들을 공유하는 일을 하고 있으며, 매
년 디자인 포럼을 개최하고 있다.

둘째, 디자인 카운슬은 디자인을 통한 혁신 분야를 개척하는 도전적
역할^{challenge}을 하고 있다. 디자인 카운슬은 건강, 안전, 환경, 커뮤니티, 학
교 등의 주제를 중심으로 디자인 혁신을 주도해 나가는 방향성을 제안하
고 있으며 이러한 혁신을 위한 지원 방안을 제공하고 있다.

셋째, 디자인 카운슬은 비즈니스와 공공디자인 영역, 학계 등에서 코칭
^{coaching}을 통해 분야별 리더십을 키울 수 있도록 지원하고 있다.

넷째, 이들은 건축 환경의 질을 높이는 역할^{CABE support}을 하고 있다. 디
자인 카운슬은 전문가들의 맞춤형 상담을 통해 경제적이고, 지속가능하
며 사회적 책임을 다할 수 있는 환경 친화적 건축환경 조성을 돕는 역할
을 하며, 이를 위해 지속가능한 환경디자인 전문가들을 상주시키고 있다.

다섯째, 디자인 카운슬은 다학제적 디자인 네트워크, 산학 네트워크,
국제적 디자인 네트워크, 영국 내 디자인 협약 등을 연결해 주는 네트워
킹^{networking}의 역할을 하고 있다. 이를 위해 영국 내 30여 개의 디자인 전
문 단체와 협약을 통해 네트워크를 관리하고 있으며, 다양한 영역 간의
매칭을 해 주는 역할을 하고 있다.

디자인 카운슬은 6개 팀으로 운영되는데, 이 중 디자인 정책과 관련된 팀은 기업팀 business과 대정부교섭팀 public affairs, 학습공공서비스팀 learning & public services으로 디자인 카운슬의 사업 영역으로 구분되는 기업, 공공 public sector, 교육 learning & education 분야의 진흥을 각기 담당하고 있다. 그 중 디자인 산업과 관련된 정책은 "직접적으로 기업과 관련하여 성공적 디자인의 근거가 되는 방법과 절차를 알려서 여타 회사들이 그것을 좀 더 쉽게 적용할 수 있도록 한다."이다. 구체적 방법은 단기간 대중과 소통을 중시하는 행사, 중장기간 특정 영역에서 지식 생성과 축적에 열중하는 프로젝트, 생동감 있게 변화하는 지식을 담는 웹 기반 정보제공, 고전적 정보전달 형태인 리플릿 발간 등으로 구분된다.

또한, 다양한 영역의 소통을 지원하는 역할을 하는데, 디자이너와 기업인의 만남을 통해 사례를 공유 토론하고 비즈니스의 창출 기회를 만든다. '디자이너를 학교 현장으로'는 중등학교의 디자인 정규과목인 디자인과 기술 design & technology 시간에 현역 디자이너들이 학교 방문수업을 실시하는 것으로 디자인 산업과 교육의 소통을 지원하는 프로그램이다.

프로젝트는 대개 2~3년 동안 진행된다. '신기술의 상품화'와 같은 비교적 새로운 디자인의 역할을 확산하기 위해 지식 축적, 모델 수립에 주력하는 것이 '기술 인간화 humanising technology' 프로젝트이다. 이 프로젝트는 3년 전부터 시작하여 유명 전문 회사 사장들을 자문단으로 구성하고 중규모 이하 기술 벤처 8개사와 협력하여 실험실에서 벗어나 시장으로 진출할 수 있는 방법을 모색하고 있으며, 현재 여러 개의 프로젝트가 진행 중이다.

한국디자인진흥원, 통합적 디자인 인재 육성사업   한국디자인진흥원 KIDP은 1970년 한국디자인포장센터로 출발한 정부산하기관으로 한국의 디자인 산업과 연계된 지원사업 및 교육사업을 중심으로 운영되고 있다. 영국의 디자인 카운슬이 디자인 산업, 교육, 정부기관, 지역사회와의 통합적 네트워크를 중심으로 정책을 펴고 있다면, 한국디자인진흥원의 경우 디자인 산업의 지원사업과 디자인 교육사업을 중심으로 정책을 펴고 있다. 2007년 이후 산학연계 디자인 교육, 2008년 캡스톤capstone 디자인 교육프로젝트, 2009년 융합형 디자인대학 육성사업 등 통합적 디자인 교육 및 산학 밀착형 디자인 교육에 중점을 둔 사업을 확장하고 있다.

사회적·문화적 환경과 기업환경의 변화에 따른 디자인 교육의 필요성이 제기되면서 한국디자인진흥원은 기업맞춤형 교육을 시행하고 있는데, 그 중 산업계의 통합적 디자인 능력의 요구에 따라 시작된 교육사업은 T형 인재 육성사업이다. T형 인재란 '자기 분야에 전문성을 가지고 있으며 여기에 폭넓은 지식통찰력을 융합시키는 전문가specialist이며 동시에 인재generalist'를 지칭한다. 캡스톤 디자인은 원래 공학 분야에서 창의적 종합설계라는 의미로 사용된 용어로, 공학 기술의 활용과 목적성을 극대화하기 위해 외국에서 2000년경부터 시작한 교육의 한 형태이다.

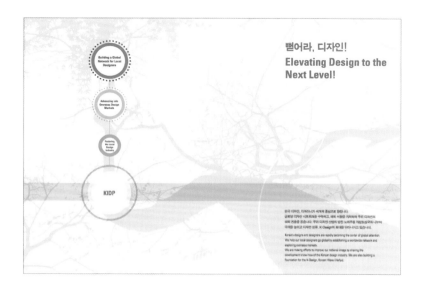

● 한국디자인진흥원의 역할
© KIDP

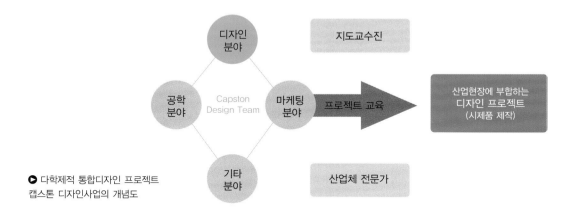

▶ 다학제적 통합디자인 프로젝트
캡스톤 디자인사업의 개념도

한국에서 진행된 캡스톤 디자인 사업은 T형 인재 육성사업의 일환으로 디자인 학과와 인접한 학과가 프로젝트 팀을 구성하고, 다학제 간 지식교류를 통해 프로젝트를 해결하는 통합적 디자인 인재를 배출하기 위해 2008~2009년에 한국디자인진흥원이 시행한 사업이다. 이는 다학제 간 지식교류를 통해 종합적 문제해결능력을 갖춘 디자인 인재의 필요성을 산업현장에서 실감함으로써 기획된 교육이다. 프로젝트 팀의 구성내용을 보면 디자인 학과를 중심으로 인접 분야인 공학, 마케팅, 경영학 등의 타 전공이 하나의 팀을 구성하는 방식으로, 팀의 규모는 8~12명 내외로 구성된다. 이 프로젝트 팀은 시장환경 및 지역전략사업, 산업체 요구에 따른 상품개발 등의 프로젝트를 수행하게 되는데, 프로젝트의 주제에 따라 인접 분야의 학문이 달라질 수 있어 공학이나 경영학 이외에 영상정보학, 무역학, 스포츠공학, 관광경영학, 교육학, 식품영양학 등 다양한 학문과의 통합적 프로젝트가 진행되었다. 2008년에 시행된 캡스톤 디자인 사업에는 총 25개 대학의 91개 학과가 참여하였다.

아래 도표는 2009년 캡스톤 디자인 사업 중 '웨어러블 컴퓨터 기반 브랜드 및 디자인 개발' 프로젝트의 추진단계에 따른 다학제적 통합 프로젝트 사업의 실제 프로세스로, 패션디자인과 제품디자인을 중심으로 경영,

패선마케팅, 기계공학과의 다학제적 통합디자인의 구조를 보여 준다.

전체 프로젝트는 총 5단계로 구성되었으며, 각 단계에서 학제 간 연구의 중심이 되는 학문적 영역을 설정하여 진행하였다. 즉, 트렌드 및 라이프스타일, 마켓 리서치 등 리서치단계에서는 경영학, 패선마케팅이 중심이 되고 관련 제품 및 기능, 기술 리서치에서는 제품디자인, 패선디자인 분야를 중심으로 진행하였다. 리서치 데이터를 중심으로 브랜드 기획과 전략을 수립하는 단계는 목표의식의 공유를 위해 모든 분야가 참여하는 구조로 콘셉트를 만들어 갔으며, 구체적인 웨어러블 컴퓨터 디자인의 개발단계에서는 제품디자인, 패선디자인, 기계공학 분야가 협업하는 구조로 진행되었다. 디자인의 메커니즘을 만드는 단계에서는 기계공학과 제품디자인의 협업을 강조하였다. 이같이 단계에 따른 가변적 협업과 통합적 콘셉트의 개발과 기술의 적용은 보다 차별적인 타깃, 시장, 기능, 아이템 등을

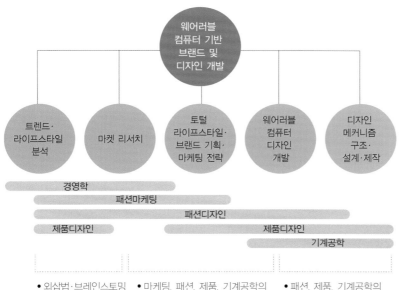

● 2009년 캡스톤 디자인 사업 프로세스의 사례

기획할 수 있는 구조가 된다. 웨어러블 컴퓨터 기반의 보호와 안전이라는 통합적 콘셉트 개발을 통해 제안된 토털 라이프스타일 유아 브랜드의 디자인을 전개하였다.

사회환경 변화와 디자인

21세기 정보사회는 점차 다양화, 다원화, 개인화되고 있다. 이와 같은 현상은 원론적인 부분에서부터 사고하고 그것을 응용하기 위한 분석적, 통합적 사고를 요구하게 되었다. 이런 현상의 핵심이 되는 소비자와 기업환경에 대해 생각해 보고자 한다.

소비자 변화와 디자인

1 참여적 문화와 프로슈머의 등장

디지털 기술의 발전, 모바일 기기의 대중화, 소셜 미디어social media의 급속한 확산은 사람들의 생활방식에 본질적인 변화를 가져오고 있다. 오늘날의 소비자consumer가 프로슈머prosumer로 변모하게 된 것도 디지털 기술을 기반으로 한 소셜 미디어의 역할이 크다. 소셜 미디어는 정보의 쌍방향성을 특징으로 정보의 민주화를 가능하게 하고 있다.

무선 인터넷 네트워크 정보는 불연속적인 단절과 연결을 통해 실시간으로 재편되는 특징이 있다. 하이퍼텍스트를 통해 재구성되는 정보는 연속적이고 일정한 흐름이 없이 지속적으로 재구성되기 때문에 생산자의 본래 맥락과 의도보다는 사용자의 목적이 중심이 된다(성동규, 2006). 즉, 현대 정보사회에서 정보의 흐름은 생산자에서 소비자로 이동하였으며 모든 가치와 판단의 중심에는 소비자가 있게 되었다.

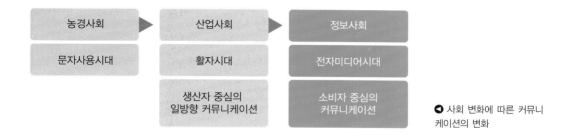

● 사회 변화에 따른 커뮤니케이션의 변화

2 자아표현 욕구로서의 소비

뉴욕타임스는 지난 50년간 경제의 기초는 생산에서 소비로, 합리성의 영역에서 욕구의 영역으로 전환해 왔다고 밝힌 바 있다. 민주화와 산업화는 인간행동 양식의 개인화, 다원화, 다양화라는 새로운 현상을 가져왔다. 이제 사람들은 전통적인 생활양식보다는 자신만의 방식을 선호한다. 구매에 있어서도 현대의 소비자들은 브랜드 네임에 대한 맹목적인 신뢰보다는 명확한 브랜드 콘셉트와 차별화된 체험에 더 큰 가치를 두며 마니아 층을 형성하는 현상을 보이고 있다. 특히, 이러한 모습은 개성을 중시하는 젊은 층에서 더욱 뚜렷하게 나타난다(김택환, 이상복, 2005).

　　오늘날의 소비 행태는 제품의 획득에서 체험의 행위로 변모하고 있다(Bernd H. Schmitt, 1999). 생산의 시대에서 소비의 시대로 전환함에 따라 사람들은 제품의 이미지를 구매하는 행위를 통해 자신을 존재를 인식한다. 이는 브랜드와 커뮤니티의 몰입으로 나타나며 추후 고객행동에도 지대한 영향을 미치는데 재구매와 브랜드 참여, 공동생산, 긍정적 구전 등으로 나타난다(윤영수 외, 2009).

3 가벼움을 추구하는 일탈 심리

현대 사람들은 삶의 모든 면에서 끊임없이 즐거움을 추구하고 있다. 디지털 시대의 경제적 부는 사람들에게 안정되고 편안한 생활을 가져다 주었고 사람들의 관심사는 먹고 사는 문제에서 즐거움으로 변화하고 있다. 재미와 감동은 모든 서비스와 상품에 있어 핵심 요소로 부각되었으며, 기술technology과 재미fun를 합친 '퍼놀로지funology'라는 신조어를 탄생시켰다.

빠르게 변화하는 사회와 대비되는 사람들의 반복적인 일상은 매번 색다른 즐거움을 요구한다. 혹자는 이러한 사회적 현상을 빠르게 변화하는 환경과 불확실성에 대한 걱정과 불안에 대한 방어 메커니즘으로 이해하기도 한다(Salzman and Matathia, 2006).

4 인간 감각기관의 확대

인쇄매체시대에서 영상매체시대로 접어들면서 인간의 이미지 해석능력이 강조되고 있다. 캐나다의 미디어 이론가 마샬 맥루한Marshall McLuhan은 커뮤니케이션 테크놀로지의 발달이 인간의 감각비율ration of sense을 변화시킨다고 주장했다(McLuhan, 1964). 인간과 기술의 상호작용으로 미디어는 인간 감각기관에 확장을 가져오며, 생활방식 및 지각작용에 영향을 주고 있다.

오늘날의 미디어는 인간의 오감을 충족하는 방향으로 진화하고 있다. 전자 미디어는 이성적보다 감성적이고, 시각적보다 촉각적이며, 파편적보

시대별 커뮤니케이션 양식의 특징

시대 구분	커뮤니케이션 형식	커뮤니케이션 특징	커뮤니케이션 감각비율
문자이전시대	구어형식	복수감각형	균형적
문자사용시대	–	시각단일형	다소균형적
활자시대	인쇄형식	시각단일형	불균형적
전자미디어시대	전자형식	복수감각형	다소균형적

◐ 전략적 디자인으로
발전과정

| 무의식 | ▶ | 디자인 스타일링 | ▶ | 혁신을 이끄는 디자인 | ▶ | 전략적 디자인 |

다 통합적이다. 오늘날의 전자 미디어는 문자가 등장하기 이전의 통합된 감각의 인간형을 부활시키고 있다.

기업환경의 변화와 디자인

1 브랜드 경쟁력 강화

기업은 복합적인 존재이며 모든 기업은 브랜드를 갖는다[Gregory, 2006]. 현대 사회의 다양한 제품과 서비스는 브랜드 네임으로 생산되며 거래된다. 기업 브랜드는 기업이 말하고 행하고자 하는 것의 총체이며 강력한 브랜드는 의도적이고 일관된 방법으로 소비자 경험을 창출하게 된다. 소비자들의 소비 결정은 그들이 직면하는 소비 맥락과 소비가 일어나는 특정 상황에서 그들이 경험하는 니즈[needs]에 있다(Mozota, 2008).

기업의 존속과 성공은 브랜드와 소비자와의 관계라는 점에서 디자인 전략과 브랜드 마케팅 전략을 통합하는 IBC[Integrated Brand Communication]의 개념이 브랜드 관리의 핵심으로 떠오르고 있다. 현 시대의 브랜드 디자인은 단순한 표현적 기업 아이덴티티의 영역이 아닌 브랜드 이미지와 아이덴티티를 창조하거나 문화적으로 새로운 환경을 이끌어 내고, 발전적 비전을 제시할 수 있는 브랜드 전략을 요구한다(장동련, 박상훈, 2008).

2 기업조직의 분산과 통합

정보 과잉의 시대로 넘어감에 따라 사람들은 자신에게 맞춤화된 서비스들을 원하게 되었다. 소비자의 다양하고 세분화된 욕구는 기업의 구조 또한 전통적인 수직적 통합모델에서 수평적 네트워크로 변화하였다. 과거에 기업이 여러 가지 업종을 통합한 다각적 경영을 추구하였다면, 오늘날의 기업은 전문화된 형태로 다양한 기업을 네트워크로 연결하는 '가치 사슬형 그물구조'를 취하게 되었다. 1990년대 초반부터 불기 시작한 리엔지니어링[reengineering]의 결과, 기업의 구조는 팀 단위로 분화하고 있으며 권한의

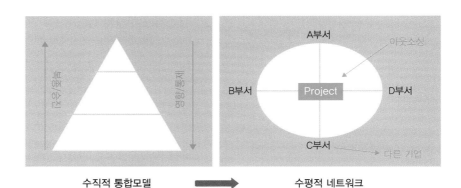

● 기업구조의 변화

수직적 통합모델 ➡ 수평적 네트워크

시대별 세계화의 단계

구분	시기	내용
세계화 1.0	1492~1800년 전후	신대륙 발견, 식민지 쟁탈
세계화 2.0	1800년 전후~2000년	다국적 기업의 출현
세계화 3.0	2000년 이후	인터넷의 출현, 세계화의 개인화

부여를 통한 분산과 공유를 실현하고 있다. 변화에 대한 빠른 적응력이 기업 생존의 핵심 요소가 되면서 보다 유기적인 기업구조가 시대변화에 합리적인 것으로 평가받고 있다.

3 세계화와 무한경쟁시대

사람들은 2000년 이후에 시작된 세계화를 일컬어 세계화 3.0 단계라고 정의한다. 디지털 환경은 과거의 물리적 경계를 허물고 글로벌 수준의 공간적 확대를 가능하게 했다. 이러한 세계화 현상은 기업 비즈니스 활동에도 많은 변화를 초래한다. 세계화는 기업에게 새로운 시장의 가능성이자 무한경쟁이라는 위기를 동시에 의미한다. 세계가 하나의 단위, 하나의 네트워크, 하나의 시장이 되었다는 사실은 시장 규모의 확대와 틈새시장의 개

척을 통한 신규 사업의 가능성에는 기회이지만 세계와의 경쟁이라는 측면
에서는 위기를 초래한다(성동규, 2006). 이처럼 디지털 환경의 무한경쟁은
가격과 품질 이상의 차별화 요소를 필요로 하고 있다.

통합디자인 프로젝트 진행

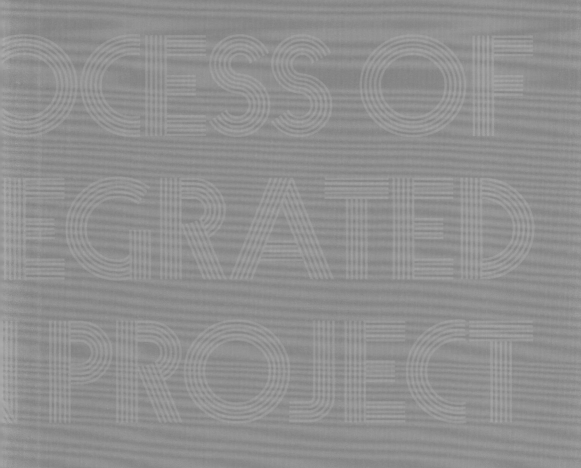

통합디자인 프로젝트 진행

Process of
Integrated Design Project

통합디자인
주제 탐색

통합디자인은 우리가 당면한 다양하고 복잡한 문제를 해결하여 인간 삶의 가치를 높이기 위한 새로운 시도로 해석될 수 있다. 앞서 살펴본 기업과 교육현장, 그리고 공공정책에 이르는 다양한 시도를 정리해보면, 통합디자인의 주제 탐색은 크게 3가지 접근을 통해 가능하다. 이러한 주제 탐색에 대한 시도는 교육현장, 기업, 그리고 공공기관에서 디자인 프로젝트를 통합적으로 진행하기 위한 지침으로 활용될 수 있다.

트렌드에 기반을 둔 탐색 정치, 경제, 사회, 문화에 걸친 메가트렌드를 기반으로 시대의 흐름을 이해하고, 소비자의 가치관을 변화시키며, 궁극적으로 새로운 라이프스타일을 제안하는 주제 탐색방법이다. 매년 국내외의 많은 기관들에서 다음 해에 영향을 줄 수 있는 트렌드를 발표하고 있으며, 이 자료는 많은 사람이나 기업체, 기관이 경영, 디자인전략 수립의 지침으로 활용한다. 최근 이러한 트렌드

탐색에 있어 새로운 시도들이 나타나고 있다. 하향식top-down 정보의 전달
과 수용이 아닌 실제 트렌드의 변화를 느끼고 경험하는 사람들의 목소리
에 기반을 둔 상향식bottom-up 접근방법을 기반으로, Web 2.0으로 대두되
는 새로운 인터랙션 매체를 통한 탐색방법이 바로 그것이다. 지금까지 트
렌드 예측은 주로 전문가를 중심으로 주요한 변화추이를 해석하여 이루
어졌으며, 여전히 이 방법은 유효하다. 하지만 이러한 방법만으로 미국의
전통적 강자 블록버스터Blockbuster를 무너뜨린 넷플릭스Netflix.com의 등장과
대형 서점을 평정한 아마존Amazon.com의 성과를 설명하기는 어렵다. 이러한
현상을 2004년 미국의 인터넷 비즈니스 잡지 와이어드Wired의 편집장 크리
스 앤더슨은 롱테일법칙long tail theory으로 설명하였다. 그는 이 법칙으로 새
로운 비즈니스 혁신은 판매곡선의 솟아오른 부분이 아닌, 판매곡선이 늘
어지는 꼬리 부분을 기반으로 이루어질 수 있음을 설명하였다. 이는 주요
한 흐름이 아닌 소수의 변화에서 비즈니스의 혁신을 찾아낼 수 있다는 뜻
으로, 이 법칙은 트렌드 예측에도 동일하게 적용될 수 있다. 즉, 트렌드 예
측에 있어서 새로운 미래의 가능성의 씨앗들은 소수의 목소리 속에 존재
하고 있으며, 이를 읽어 내는 것을 새로운 혁신의 근원을 발굴하는 것으
로 이해할 수 있다. 따라서 전문가가 아닌 대중의 참여를 통한 트렌드를
읽어 내기 위한 새로운 시도들이 이루어지고 있다. 2010년 오픈한 미국

● urtrend.net 시스템
ⓒ 한국디자인산업연구센터

오픈아이데오^{OpenIDEO} 프로젝트, 그리고 같은 해 국내 서울대학교 한국디자인산업연구센터와 소비자행태연구실이 주도하고 연세대학교 인간중심통합디자인연구실이 참여한 urtrend.net 프로젝트는 이러한 시도의 하나로 볼 수 있다. 최근에는 미래 징후와 집단지성에 기반을 둔 새로운 트렌드 예측 시도가 많이 이루어지고 있다.

서울대학교 한국디자인산업연구센터 KDRI ^{Korean Design Research Institute}는 지속적으로 연구를 진행하여 미래 예측 2.0 ^{Future Forecasting 2.0}이라는 개념을 제시하였다. 즉, 미래 가치와 트렌드 예측은 '제한적 추정'에서 '창조적 전망'으로 예측의 개념 자체를 바꾸어야 한다는 것이다. 2011년 돈 탭스코트^{Don Tapscott}, 앤서니 윌리엄스^{Anthony D. Williams}의 매크로 위키노믹스 ^{Macrowikinomics}는 집단지성에 기반을 둔 우리의 삶과 관련된 많은 시스템들이 근본적으로 어떻게 변화하고 있는가를 보여 주고 있다.

《urtrend.net 2013 Special Trend Report》 4권에서는 집단지성에 기반을 둔 트렌드 분석을 통해 2020년 12가지의 메가트렌드로 '초고령화 사회', '하이콘셉트 사회', '즉각적 개인화, 힘의 분산과 다원화, 녹색사회, 불안과 혼돈의 가중, 기체사회, 10억분의 1초의 시대, 가치자본, 가상시대, 다층적 융합화, 공동선의 지향'을 제시하고 있다.

● 《urtrend.net 2013 Special Trend Report》 4권 표지
© 한국디자인산업연구센터

통합디자인 주제 탐색의 관점에서 트렌드에 기반을 둔 접근은 단순한 통계수치나 전재적 통찰력으로 예측하는 것이 아니라, 다양한 분야의 전문가와 디자이너가 중심이 되어, 미래의 비전을 제시하고 탐색하여 창조하는 것을 의미한다.

통합디자인 주제 탐색의 관점에서 트렌드의 이해는 바로 이러한 점에 주목해야 한다. 통합디자인의 결과

물은 미래 생활상을 디자인을 통해 창조적으로 전망하고 삶의 가치를 제
안하는 것이기 때문에, 집단지성의 활용을 통해 방향을 제시하고 이를 거
시적 흐름에서 해석하여 콘셉트를 제시할 수 있는 통찰력을 길러야 한다.
따라서 트렌드 탐색에 있어 거시적 관점과 미시적 관점을 통해 사회의 변
화와 주제에 대한 이해를 통합적 관점으로 바라보며, 능동적인 태도, 그리
고 Web 2.0과 같은 새로운 기술에 기반을 둔 자료수집방법을 적극적으
로 활용하는 것이 필요하다.

근원적 질문에 기반을 둔 탐색   디자인 주제 탐색에 있어, 우리가 흔
히 빠지는 함정은 지금 존재하는 어
떤 사물이나 개념이 정답이라고 믿는 것이다. 이러한 함정은 흔히 통합적
사고를 방해하며 우리 일상에서 흔히 경험하게 된다. 탐 켈리^{Tom Kelley}와 조
나단 리트만^{Jonathan Littman}은 이를 '악마의 변호인^{devil's advocate}'이라고 표현하
였다. 이 악마의 변호인은 새로운 시도의 부정적 측면을 과하게 부각시켜,
결국 혁신적 아이디어와 변화에 대한 의지를 좌절시키고 현재의 상태에
머물게 만드는 존재이다. 애플을 혁신의 아이콘으로 만든 제품은 1998년
에 출시된 아이맥이다. 사실 이 디자인은 이전 국내기업에서도 시도가 되
었으나, 2가지 금기의 벽을 넘지 못하였다. 즉, 회로를 노출하면 안 되는
것과 투명하게 제조를 하면 생산단가가 높아지는 문제였다. 하지만 애플
은 이러한 금기의 벽을 넘고 새로운 혁신을 이루었다.

　미국의 자동차 산업의 혁신을 이끈 헨리 포드^{Henry Ford}의 "만일 사람들
에게 무엇을 원하는가를 물었다면, 사람들은 빠른 말을 원한다고 대답했
을 것이다."라는 이야기는 여러 가지 시사점을 우리에게 준다. 즉, 자동차
라는 것은 사람들이 원한 빠른 말의 하나의 결과물이며, 사람들이 원하
는 것은 빠른 이동이라는 것이다. 우리는 근원적 질문인 '빠른 이동'을 망
각하고 '자동차'를 디자인하는 것에만 관심을 가져왔으며, 통합적 접근보
다는 사람들이 정답이라고 믿는 사물이나 개념을 재생산하는 전문성에

집중한 것이다. 이런 맥락에서 우리 주변의 사물이나 개념들을 다시 돌아보고 근원적 질문이 무엇인가를 생각해 보는 태도가 필요하다. 최근 '디자인 사고design thinking'에 기반을 둔 창의 교육프로그램에 대한 관심이 높아지고 있는데, 여기에서도 주제를 부여할 때에 구체적 대상을 지칭하지 말고 사람들의 근원적 요구를 기술하는 것이 창의적 결과물을 이끌어 내기 위해 중요한 조건으로 사용되었다. 즉, '물병을 디자인하세요.'라기보다는 '이동 중에 마실 수 있는 방법을 생각해 보세요.'라는 방식으로 주제를 부여하는 것이다. '휴대전화'는 '이동하면서 사람들과 대화하고 유대를 쌓을 수 있는 방법'으로, '냉장고'는 '신선하게 식재료를 보관하는 방법'으로 접근하는 것이 훨씬 더 새로운 생각을 하게 만들 수 있다. 이러한 접근은 우리들이 정답이라고 믿고 있었던 '금기의 벽'을 넘어 우리의 선입견으로 구성되어 있는 세상을 다시 생각하게 만들어 주며, 이는 혁신을 위한 중요한 출발점이 된다. 따라서, 프로젝트 주제를 제시하고 문제를 이해할 때, 정답이라고 생각하는 구체적 사물이나 정형화된 개념을 떠올리게 해서는 안 되며, 열린 사고에 기반을 둔 문제, 관련된 행위activity나 가치value를 생각할 수 있도록 유도하는 것이 매우 중요하다. 그러나 이러한 근원적 질문을 찾고, 이 질문에 대해 단순한 문제해결이 아닌 새로운 비전과 가치를 발굴하는 것은 시간이 걸리며 결코 쉬운 일은 아니다. 따라서 우리는 통합적으로 디자인 문제에 접근해야 하는 것이다.

경계 영역에 기반을 둔 탐색　　　통합적 사고를 강조하면서도 우리는 여전히 경계에 선다는 것을 두려워 한다. 전공의 중심에서 주변으로 밀려난다는 생각 때문이다. 사실 유치원부터 수학, 영어, 과학, 음악, 미술 등 전문 영역 교과 중심에 기반을 둔 초등학교, 중학교, 고등학교, 그리고 대학으로 이루어지는 교육시스템에서 경계 영역을 탐색한다는 것은 결코 쉬운 일이 아닐 것이다. 우리는 하나의 영역과 다른 영역을 통합하여 생각하는 것에는 여전히 취약하며 그 방법

조차 잘 모르고 있다. 우리가 현대적 디자인 교육의 효시라고 이야기하는 바우하우스의 교육과정을 보면, '왜 바우하우스가 디자인을 통해 모던디자인의 전형을 만들어 낼 수 있었는가'에서 그 해답을 찾을 수 있다. 바우하우스의 교수인 오스카 슐레머Oskar Schlemmer는 인물 소묘와 누드, 생물학, 인류학, 연극, 윤리학 등을 고루 가르쳤으며, 그의 동료인 파울 클레Paul Klee는 미술과 관련된 철학, 문학, 수학까지 두루 교육을 하였다. 우리는 통합디자인 주제 탐색에 있어, 다양한 영역의 지식을 활용하는 것이 필요하다. 통합디자인에서 최근 많이 이야기되는 그린디자인, 지속가능디자인, 유니버설디자인, 사회혁신을 위한 디자인 등 모두 이러한 경계 영역의 탐색을 통한 주제들이다. 예를 들어, 최근 주목받고 있는 범죄예방디자인의 경우도 이러한 경계 영역의 탐색을 통해 발굴할 수 있는 주제로 볼 수 있다. 범죄예방과 디자인은 상호 연관성이 있다고 생각하기 어렵다. 하지만 디자인은 사람들의 행동에 영향을 줄 수 있으며, 이러한 디자인의 가능성이 범죄예방에 적용될 수 있다는 통합적 사고를 가능하게 하였다. 디자인을 통해 사람들의 행동과 삶의 방식의 변화를 이끌어 낼 수 있는 가능성은 경제학과 심리학 이론을 융합한 행태경제학bahavioral economics으로 설명이 가능하다. 행태경제학의 거장인 시카고 대학의 리처드 탈러Richard H. Thaler 교수는 사용자가 느끼지 못하는 개입을 통해 사용자의 행동을 조절할 수 있다는 것을 다양한 실험을 통해 보여 주었다. 그는 넛지nudge라는 개념을 통해 사람들을 바람직한 방향으로 자연스럽게 권유하여 궁극적으로는 행동의 변화를 유도할 수 있다고 주장한다. 이것과 관련된 예는 아주 많이 있는데, 예를 들어 유럽의 관문인 네덜란드 암스테르담의 스키폴Schiphol 국제공항의 소변기에 파리를 그려넣음으로써 주변에 흘린 소변량의 약 80%가 감소하였다고 한다. 또한, 쓰레기를 자주 버리는 곳의 환경을 깨끗하게 하면, 사람들이 쓰레기를 무단으로 버리지 않는 효과를 가져 올 수 있다.

이미 영국의 디자인 카운슬은 2011년에 《Cracking Crime Through Design》이라는 보고서를 발간하였으며, 우리나라에서는 2012년 10월에

'서울 국제 범죄예방디자인 세미나'가 개최되었다. 이러한 경계 영역의 탐색은 다양한 영역에 대한 지식이 있어야 가능하며, 그 파급효과는 상상 이상이라고 할 수 있다. 무엇보다 중요한 것은, 이러한 주제 탐색은 디자인의 가능성을 확장시키고 다른 학문 분야에 디자인의 위상을 제고하는 효과까지 가지고 올 수 있다. 이는 디자인을 단순한 미적 아름다움을 추구하는 장식의 개념으로 생각하는 대중들의 디자인에 대한 인식을 바꾸는 역할을 할 수 있을 것으로 기대된다.

통합디자인
교육환경 구성

통합디자인 교육을 실행하기 위해서는 교육환경과 수업 운영을 위한 조건을 마련하기 위해 노력하는 것이 매우 중요하다. 즉, 통합적 사고에 있어 협업적 태도, 발산적·수렴적 디자인 사고, 미래 지향적인 실험적 태도 등이 중요한데, 이를 위해서는 적절한 환경 구성이 중요하다.

통합디자인을 위한 환경 구성　　　협업을 위한 공간 구성의 중요성에 대한 연구는 건축이나 공간 연구에서 많이 이루어져 왔다. 특히, 집단지성[collective intelligence]과 협업[collaboration]이 혁신과 성공을 위해 중요하다는 인식이 확산되면서 많은 연구들이 이루어졌다. 토마스 알렌[Thomas Allen]과 군터 헨[Gunter Henn]은《성공하는 기업 조직과 사무공간》[2007]이라는 저서에서 물리적 공간 구성이, 개인이나 부서를 초월한 협업이 가능하도록 해야 한다고 주장하였다. 델프트 공과대학[TU Delft]의 마틴[Martens, Y.]은《Unlocking creativity with physical workplace》[2008]라는 논문에서 통합을 위한 환경 구성을 위해서는 구성원 간의 이동이 가능하고 오픈 공간을 통해 협업과 대화의 가능성을 높이는 것이 중요

하다고 적고 있다. 이러한 공간은 사람들이 자발적으로, 그리고 무의식적
으로 다양한 지식을 공유할 수 있는 기회를 높이고, 이는 다양한 협업의
형태로 나타나게 되는 것이다.

　이러한 협업과 교육환경의 관점에서 최근 통합디자인을 지향하는 유
럽의 델프트 공과대학, 알토대학Alto University, 그리고, 스탠포드 디-스쿨
D-School, 일리노이 공과대학교IIT의 Institute of Design, 최근 출발한 학부
에서의 통합 프로그램인 싱가폴의 SUTDSingapore University of Technology and Design,
그리고 국내의 사례를 살펴보는 것은 매우 흥미로운 경험이 될 것이다.
델프트 공과대학의 경우, 교수와 박사연구원들 간의 소통의 기회를 높이
기 위해 복도 중앙에 간이 대화 공간을 마련하고 있다. 사실 협업을 위해
서는 소통의 기회가 많아야 하는데, 공간적 조건이 마련되지 않아 복도에
서서 대화를 하거나 다음으로 미루는 등 대화의 시도를 하지 않는 경우
가 있는데, 이러한 공간 구성이 시사하는 바가 있다.

　이러한 협업과 소통을 위해, 카페, 휴식 공간과 같은 공유 공간에 대한
새로운 시도도 많이 이루어지고 있다. 우리나라 기업에서 회의 후에 담배

● 델프트 공과대학 복도의
비상시적 대화 공간

🔺 중국 동지대학과 연결된 디자인팩토리 내의 24시간 화상시스템

🔻 디자인팩토리 내의 탕비실

ⓒ 정의철

를 피우면서 하는 대화가 의사결정에 직·간접적으로 영향을 준다는 이야기가 있듯이 미국의 경우도 카페에서의 대화가 의사결정에 많은 영향을 준다고 생각하여, 카페나 휴식 공간에서 대화의 가능성을 높이기 위한 환경 구성에 대한 연구도 활발히 이루어지고 있다.

알토대학의 디자인팩토리Design Factory의 경우 공공 공간을 마치 가정집과 같은 분위기로 조성하였는데, 무엇보다 한쪽 벽면이 중국의 동지대학과 24시간 연결된 대형 화면으로 되어 있어, 다른 공간과 시간에 존재하는 사람들과도 자연스러운 대화와 소통의 기회를 제공하고 있다.

'혁신의 대학'으로 불리는 아이데오IDEO와 스탠포드 디-스쿨D-School의 경우, 프로젝트 성격에 따라 자유롭게 공간을 구성하고, 진행 중인 프로젝트를 항상 기록해 두어 이를 언제든지 진행할 수 있는 환경적 조건을 제공하고 있다.

국내에서도 많은 디자인 대학들이 디자인의 영감을 불러일으킬 수 있는 창의적 환경을 조성하기 위해 많은 노력을 기울이고 있다. 무엇보다 체험을 통해 맥락을 알 수 있고, 앞서 설명한 델프트 공과대학의 사례에서처럼 자연스러운 교류가 가능한 복도와 개별단위 공간, 자연스러운 대화의 가능성 증대의 개념을 공간을 리모델링하여 좋은 반응을 얻고 있다.

물리적 접촉의 가능성 증가, 문화적 자극에 대한 우연적 접촉 기회 증가 등은 환경 구성의 중요한 원리인데, 실제 협업의 가능성을 높이기 위해 중요한 교육환경 조성을 위한 원리를 정리하면 다음과 같다.

* 사용의 유연성
* 사회적 경험과의 연결성
* 작업과정의 공유와 접근성
* 개별적·비상시적 소통의 가능성
* 동료들과 협력의 가능성을 높이는 개발성
* 신기술의 적용성
* 아이디어를 신속하게 기록하고 공유할 수 있는 가능성

　이러한 원리를 이해한다면 기존의 공간적 조건을 잘 활용하여 통합적 교육을 위한 공간 조건을 창의적으로 리모델링하는 것은 얼마든지 가능하다. 공간적 조건을 마련하는 것은 어떻게 보면 통합디자인 교육의 출발점으로 볼 수 있다. 2012년 5월 학부과정의 통합프로그램으로 시작한 SUTD의 경우, 2011년 프로그램을 준비하는 과정에서 통합교육을 위한 물리적 조건을 모든 구성원들이 같이 고민하는 것으로 프로젝트를 진행하였다. 이 작업은 기존에 주어진 공간을 활용하여 이루어졌으며, 무엇보다 통합디자인에 대한 비전을 공유하고, 협업을 위한 물적·인적 조건을 만들었다는 데 그 의의가 있다고 생각된다.

통합디자인을 위한 인적 구성　　물리적 환경 구성과 함께, 통합디자인을 위해 중요한 것은 인적 구성이다. 앞서 언급하였듯이 다양성에 기반을 둔 인적 구성은 통합디자인의 성패를 좌우하는 매우 중요한 열쇠가 된다. 다양한 분야의 교수들이 참여하는 팀 티칭team teaching 기반과 다양한 학생들로 구성된 팀 구성의 조화를 이루는 것이 매우 중요하다.

　이러한 인적 구성을 갖추어야 하는 것은 통합디자인에서 중요한 통합적 사고integrative thinking를 가능하게 하기 때문이다. 통합적 사고는 기본적으로

♥ SUTD 내의 융합적
교육을 위한 도서관
ⓒ 정의철

균형을 갖추는 태도를 의미한다. 즉, 여러 가지 관점을 이해하고 관점 간의 적절한 균형점을 찾아내는 능력을 의미한다. 통합적 사고 능력에서 가장 중요한 것은 다른 관점으로 사물을 바라볼 수 있는 태도를 훈련받는 것이다. 다양하게 생각해 보고 균형을 찾을 수 있는 방법으로 보노^{Edward de Bono}의 육색모자기법이 있다. 이는 아이디어를 전개할 때 혹은 제안된 아이디어들의 장단점을 측정할 때 모두 같은 모자를 쓰거나 모자를 돌려 쓰며 진행하는 방법으로, 다양한 역할을 통해 균형적 시각을 가질 수 있게 해 주는 좋은 방법이다.

실제 프로젝트 진행을 위해 다양성에 기반을 둔 팀을 구성할 수 있으며 학생들의 전공 능력을 고려하여 배분하는 것을 활용할 수 있다. 디자인 분야 내에서의 통합이라고 한다면, 시각, 제품, 패션 전공 영역이 조화를 이룰 수 있게 하는 것이며, 다학제적 통합이라고 한다면, 기술, 경영, 디자인 전공자들을 잘 배분하는 것이다. 하지만 단순히 전공 배경에 기반을 둔 인적 구성은 한계가 존재한다. 왜냐하면 통합디자인에서 중요한 것은 전공 지식과 함께, 프로젝트 진행에서 구성원으로서의 역할도 중요하기 때문이다. 즉, 팀원, 중재자, 조력자 등과 같은 팀 운영에 대한 성향을 같이 고려하여 인적 구성을 하는 것이 중요하다.

통합디자인 프로젝트 프로세스

통합디자인의 프로세스는 디자인 결과물의 통합적 도출이라는 측면에서 볼 때 '자료 조사 – 콘셉트 개발 – 디자인 구현 – 디자인 결과물 도출'이라는 일반적 디자인 프로세스와 매우 유사한 단계를 가진다. 통합디자인 역시 통합적 결과물을 도출하기 위한 하나의 과정이기 때문이다. 그러나 앞서 살펴본 바와 같이 다학제 교육과 다양한 직무 간 협업을 전제로 하는 통합디자인은 보다 효과적인 통합의 프로세스를 위한 '협업의 준비과정, 협업의 중재와 진행, 통합적 프로세스 관리'라는 단계와 역할이 필요하다는 차이가 있다. 통합디자인 프로세스는 지식과 기술의 융합, 다학제적 배경을 가진 팀원들의 팀워크와 팀 내 역할의 분배, 그리고 디자인 사고를 기반으로 발산적 사고와 수렴적 사고의 반복을 통한 사고의 확산 등 복합적 요소에 기반한 프로세스이다. 따라서 단순히 문제의 해결이라는 디자인 프로세스 단계로만 접근하기에는 현실적으로 풀어야 하는 문제가 매우 많다. 이 절에서는 통합디자인의 프로세스를 구체적인 프로젝트의 진행방법과 연계하여 그 특징을 설명하고자 한다.

통합디자인 프로젝트의 프로세스를 구체적으로 알아보면 다음과 같다.

통합디자인 프로젝트의 첫 번째 단계는 목표의 공감empathy이다. 다양한 교육적 배경과 상이한 업무를 수행하던 인원들이 모여 동일한 목표를 위해 정보와 지식을 공유하면서 공통된 프로젝트의 방향성을 만들어가기 위한 단계로, 공통된 목표의식, 주제 및 목표에 대한 공감의 단계가 반드시 필요하다. 지식과 정보의 통합 내용은 주제와 목적에 따라 가변적이며, 매뉴얼화된 공식과 같이 일률적으로 해결할 수 있는 것이 아니기 때문에 팀원들의 목표에 대한 공감의 정도는 전체 프로세스의 과정과 내용에 큰 영향을 미칠 수 밖에 없다. 즉, 다양한 지식과 정보, 기술의 통합과정은 주체성과 자발성을 가진 팀원들의 자세와 프로젝트 주제에 대한 창의적

▶ 팀원 간의 인적
커뮤니케이션 및
목표 공감을 위한 미팅
ⓒ 이지현

견해, 프로젝트 목표에 대한 몰입에 의해 형성되므로, 팀원 간의 유대감, 목표의 공감을 통한 주체적 협업이 통합적 프로젝트를 보다 강화할 수 있다. 목표의 공감을 위해서 팀원들은 주제에 대한 자유 토론, 관련 사회현상 및 트렌드에 대한 정보를 기반으로 한 워크샵 및 세미나 등을 진행하며, 보다 자유로운 분위기에서 서로의 의견을 듣고 주제에 대한 관점을 맞추어 나가도록 한다. 자유로운 워크샵과 대화의 시간 등은 대인적 관계에서 친밀도를 높이고 팀워크의 강화, 협업 시 커뮤니케이션의 원활함 등에 영향을 미친다. 또한 발산적인 사고와 수평적 팀 구조를 통해 보다 다양한 가능성을 탐색할 수 있는 시간을 갖는 것이므로 목표의 공감을 위한 시간은 매우 중요한 단계이다.

두 번째 단계는 프로젝트 주제 및 과제에 대한 분석^{analysis of task}이다. 보다 다양하고 다학제적 발상과 지식의 통합을 위해 팀원들은 각자의 교육적 배경과 업무 경험에 따라 과제의 정의, 특성 분석, 문제점 등을 진단하고, 전체 프리젠테이션을 통해 각자의 의견을 발표한다. 팀 위주의 의견이 아닌 전공 간 다양한 관점과 개인별 해석의 다양성을 통해 발산적 사고를 하는 이 과정을 통해 팀원들은 주제에 대한 인문학적 사고의 깊이와 폭을 더하고, 기술적 다양성을 접할 수 있다. 이 단계에서는 다양한 시각, 차별적 의견 도출을 장려하고, 팀원들이 위축되지 않고 보다 발산적인 사고를 할 수 있도록 각각의 의견에 대한 상호 평가를 하지 않도록 하는 것이 중요하다. 프리젠테이션을 통해 다양한 시각과 의견을 듣고, 다시 본인의 생각을 정리하는 과제분석의 단계는 2~3회 반복하는 것이 좋다. 과제분석의 반복적 프레젠테이션과 토론을 통해 디자인 문제를 보다 구체화하고 범위를 좁혀 나가도록 한다.

세 번째 단계는 과제에 대한 분석결과 중 유사한 방법과 관점을 모으는 것으로 디자인 전략의 유형화^{determine design strategies}이다. 디자인 전략의 유형화는 사고의 수렴과정을 통해 다양한 시각과 의견을 특정한 키워드를 중심으로 묶어 가는 과정이다. 프로젝트의 성격에 따라 디자인 전략이 1개

● 디자인 전략의 유형화 작업
ⓒ 이지현

로 수렴될 수도 있고, 차별적이며 대안적 전략의 제시를 위해 2~3개의 전략을 병행해 진행할 수도 있다.

팀원의 인원이 적은 경우 통합적 프로세스의 효율성을 위해 1개의 전략으로 수렴하는 과정이 적절할 수 있으며, 팀원이 많은 경우 통합적 작업의 효율성과 결과의 다양화를 위해 차별적 디자인 전략을 복수로 운영한다. 유형화된 디자인 전략이 복수인 경우 각각의 디자인 전략을 차별화함으로써 통합적 프로젝트의 특성을 강화할 수 있는 장점이 있다.

네 번째 단계는 팀의 구성 systemize teams이다. 팀의 구성은 프로젝트의 성격에 따라 선택적일 수도 있지만, 이미 확정된 경우도 있다. 가장 바람직한 통합적 프로세스와 협업을 위해서는 디자인 전략과 주제 전개방향에 따라 팀원을 구성하는 것이 좋지만, 불가능할 경우 각 팀원의 배경과 성향에 따른 업무 분담을 통해 최대한 조정한다. 효과적 협업과 팀 운영을 위해서 최대 팀원의 인원은 5명을 넘지 않는 것이 적절하다.

각 디자인 전략의 관심도에 따라 모인 팀원들을 별도의 실행 팀으로 구성할 때 가장 먼저 고려해야 할 부분은 과제와 디자인 전략에 따른 배경지식과 업무능력의 상관성이다. 즉, 중복된 업무 배경지식을 가진 팀원들로 구성하기보다 차별적 특성을 가진 팀원들로 구성하는 것이 통합적 시너지를 낼 수 있는 방법이다. 예를 들어 기술과 마켓에서의 상품적용성을 중심으로 하는 주제인 경우에는 디자인 전공자와 마케팅, 공학, 심리학 전공자들을 한 팀으로 구성할 수 있으며, 정보와 디자인을 활용한 트렌드 분석, 교육 프로그램 등의 주제인 경우에는 디자인 전공자와 교육학, 사회학, 정보공학 전공자들을 한 팀으로 구성하는 등 잘 기획된 팀 구성을 통해 다양한 배경지식을 융합할 수 있는 기반을 마련할 수 있다. 그 다음은 팀원들의 개별 성향에 따른 팀 배분이다. 일반적으로 협업 시 팀원들의 역할 유형은 크게 리더, 기획자, 중재자, 실행자로 나뉜다. 리더는 팀의 전체 프로젝트의 방향성을 이끌고 다른 팀과의 차별성을 조율하는 대외적 역할을 하며, 기획자는 과제와 디자인 전략에 따른 구체적 실행계획을 제안하는 역할을 하며 각 내용에 따른 역할 분담을 배분한다. 중재자는 각 역할의 진행 내용과 팀원 간의 갈등 상황을 원만하고 효율적으로 만드는 역할을 하며, 실행자는 각 역할에 대한 기획보다는 실행을 통한 결과물의 도출 등에서 역량을 보이는 특성이 있다. 가장 이상적인 팀의 구성은 리더, 기획자, 중재자, 실행자가 모두 있는 형태로 가능한 역할의 다양성을 고려하여 구성한다. 보다 효율적인 팀 구성을 위해서는 팀 구성 전에 팀원들의 지식과 업무 이력에 대한 정보를 미리 얻는 것이 좋으며, 사전 정보와 설문 등을 통해 팀원의 개별 성향을 파악하는 것이 좋다. 사전조사의 내용은 팀 구성을 위해 팀원의 전문분야 및 전문성을 가진 정도, 협업

▼ 디자인 개발 및 구체화 단계
ⓒ 이지현

🔺 외부 클라이언트와
함께한 디자인 결과 평가회
© 이지현

의 경험 유무를 알아보고, 주제별 팀 분류 등을 위해 관심을 가진 사회현상 및 산업트렌드 등을 조사한다. 또한, 팀 역할 유형에 따른 팀 구성을 위해 팀 작업 시 주로 하는 팀 역할 및 적극적 참여도 정도를 파악하는 것이 좋다.

다섯 번째 단계는 구체적 디자인 개발conceptual design이다. 이 단계는 일반적 디자인 프로세스에서 아이디어 스케치, 목업, 렌더링 등의 과정을 의미하는 디자인 개발단계와 유사하지만, 통합디자인 프로세스에서는 전일적 디자인 매니지먼트, 소비자에게 총체적 경험의 제공이라는 측면에서 마케팅, 매니지먼트holistic design management, 생산, 유통, 판매, 프로모션의 통합적 프로세스를 고려해 총체적 디자인을 기획한다는 측면에서 차이가 있다. 즉, 디자인의 개발단계에서 다양한 지식과 업무 배경을 가진 팀원들은 각각의 경험과 지식을 통해 팀의 디자인 전략을 실현할 수 있는 방법을 논의하고, 기획, 생산, 유통, 판매의 전 과정을 일관된 디자인 전략을 통해 구체적 실행방법을 기획하는 것이다.

통합디자인 측면에서의 디자인 개발은 제품의 조형적·기능적 측면에 대한 접근 외에도 디자인 개발 및 제품 생산을 위한 기반 시스템 기획, 디자인의 사용을 통한 소비자 행동 및 라이프스타일 기획, 디자인 아이덴티티의 조형적·가시적 전략수립, 디자인 결과물의 총체적 경험을 제공하기 위한 체험 공간 기획과 프로모션, 유통 형태의 기획 등이 포함된다. 즉, 통합디자인의 범주와 대상은 기존의 물질적이며 소비가능한 대상에서부터 비물질적인 경험과 행동, 서비스 등으로 확장되는 것이다. 따라서 통합디자인 프로세스의 결과물은 제품, 패션, 시각디자인 영역과 같은 구체적 제품 영역 외에 사회시스템, 소비자 행동 및 라이프스타일 디자인, 온라인 및 오프라인의 유통 기획, 체험 공간, 소비자 참여형 프로그램 개발 등 다양한 범주를 갖게 된다.

여섯 번째 단계는 디자인의 구체화detailed design이다. 콘셉트 디자인을 통해 구현된 디자인을 프레젠테이션 및 평가과정을 통해 좀 더 실현 가능한 디자인 결과물로 구체화하는 과정이다. 디자인 콘셉트와 렌더링 단계에서 팀 간 정보와 의견을 서로 교환하지 않았다면, 디자인의 구체화 단계에서는 공개적인 프레젠테이션과 상호 의견제시과정을 통해 다른 시각을 기반으로 한 의견을 취합하고, 디자인의 문제점과 단점 등을 보완할 수 있도록 하는 것이다.

공개적인 의견의 교환과 평가는 디자인 프로젝트의 시각을 넓히고 일반화하는 데 큰 도움이 된다. 팀원들은 상호 의견 및 정보공유과정에서 취합된 의견들을 선별적으로 반영하여 디자인 전략을 수정 보완하는 작업을 한다. 또한, 동일한 디자인 과제를 여러 팀이 동시에 수행하는 경우, 디자인 구체화 방법에 대한 의견 교환과 디자인 문제해결 방식들의 상호 비교 평가를 통해 보다 다양한 문제해결방법을 간접 체험할 수 있는데, 이는 보다 차별적인 문제해결방법을 찾는데 도움이 된다. 특히 교육적인 면에서 각기 다른 디자인 과제를 동시에 수행하는 것도 학생들에게 도움이 되지만, 동일한 과제를 다양한 문제해결 방식으로 접근하도록 유도하고, 다각적인 문제 해결 결과들을 통해 사고의 확장을 돕는 것도 의미가 있다.

일곱 번째 단계는 디자인 구현implementation 및 평가evaluation이다. 프로젝트의 목표에 따른 최종 디자인 결과물을 발표하고 결과물에 대한 평가를 받는 단계이다. 프로젝트 성격에 따라 최종 평가자는 이해관계를 갖는 회사 및 브랜드, 부서의 책임자, 프로젝트의 외부 클라이언트가 되기도 하며, 교육기관에서는 교수 및 전문가 집단이 되기도 한다.

프로젝트 진행의 주체가 산업체 또는 교육기관인 것과 관계없이 통합디자인 프로젝트 평가 시 고려해야 할 점은 2가지로 우선 최초 프로젝트의 목표에 따른 결과물의 연계성 및 적합성, 프로젝트 결과물의 통합성이다.

통합디자인 프로젝트 역시 결과물을 도출하는 디자인 프로세스이므로, 목표에 부합하는 디자인 결과물에 대한 평가가 이루어져야 한다. 또한, 통합디자인 프로세스를 통해 차별적 디자인 결과물의 내용과 범주가 통합적 시너지 효과를 가져왔는지, 결과물과 기술, 과정이 협업의 특성을 반영하고 있는가를 평가한다. 즉, 통합디자인 프로젝트의 효과 중 하나는 결과물의 통합적 범주 및 기존 디자인 범위를 넘어서는 창의성과 확장성이기 때문이다. 프로젝트 목표와의 부합, 통합적 결과물에 이어 고려해야 할 점은 각각의 디자인이 갖추어야 하는 기능, 특성, 독창성 등 디자인 요소에 따른 평가이다.

학부 과정에서의 통합디자인 프로젝트는 전공 기초 지식을 어느 정도 갖춘 3, 4학년의 학생들에게 적합한 교육이다. 협업에 참여하는 학생들이 각 분야의 전공 기초 지식을 미처 습득하지 못한 상태라면, 다학제적 협업에서 적극적인 의견을 상호교환한다거나 다른 분야의 기술 및 지식을 활용하는 데 많은 어려움을 겪기 때문이며, 통합디자인의 디자인 교육목표를 달성하기에는 무리가 따르기 때문이다. 다양한 전공 분야의 학문적 지식을 바탕으로 타 전공 분야의 지식과 기술을 주체적으로 수용, 활용하기

다학제 팀 구성을 통한 통합적 디자인 프로젝트 사례

일반 디자인 프로세스	주제/목표 분석 (analysis of task)		디자인 개발/구현 (conceptual design/ embodiment design)		디자인 구체화 (detailed design)	디자인 구현/평가 (implemen-tation)
통합적 디자인 프로젝트	목표의 공감 (empathy of task)	주제/목표 분석 (analysis of task)	디자인 전략 유형화 (determine design)	팀의 구성 (systemize team)	디자인 개발/구현 (conceptual design/ embodiment design)	디자인 구체화 (detailed design)	디자인 구현/평가 (implemen-tation)
16주 통합디자인 프로세스	1주	2~3주	4~6주	6주	7~11주	12~14주	15~16주
콜라보레이 션 구조	수평적 구조			계층적 구조	수평적 구조	계층적 구조	
디자인 사고 단계	발산적 사고		수렴적 사고		발산적 사고	수렴적 사고	

위해서는 통합디자인 프로젝트에 참여하는 팀원들의 개인적 역량이 어느 정도 필요하다고 할 수 있다. 이에 반해 대학원 레벨에서의 통합디자인 작업은 이미 전공에 대한 지적 경계가 명확히 된 후이기 때문에 그 창조적 확장이라는 목표 달성이 제한적일 수 있다.

통합디자인 프로젝트를 통해 교육적 효과를 극대화하기 위해서는 팀과 팀원의 수를 조절할 필요가 있다. 한 팀당 적절한 팀원의 수는 3~5명 이내로 한정하는 것이 팀 역할 배분 및 진행에 효율적이다. 너무 적은 인원이 참가하는 경우 다학제적이며 융합적 지식과 기술의 효과를 얻기가 어려우며, 5명 이상의 많은 인원이 한 팀에 참가하는 경우 팀원의 역할이 겹치거나, 팀 역할에서 배제되거나 방관하는 팀원이 발생할 수 있으며, 각 팀원이 모두 주체적인 팀 역할을 맡고 적극적으로 팀 역할을 수행하기에 어려움이 있기 때문이다. 팀의 수는 동일한 디자인 과제나 프로젝트 주제를 가진 팀이 복수인 경우 각기 다른 주제를 다루는 것보다 다양한 디자인적 접근과 문제해결방법을 학생들이 직·간접적으로 경험해 보고 상호 학습할 수 있기 때문에 효율적이다. 즉, 같은 문제에 대해 다학제적 협업을 통해 다양한 문제해결과 디자인 결과물을 제시하고, 이를 통해 다른 문제해결방법 등을 간접적으로 배우게 되는 것이다.

교육적 측면에서 보면 통합디자인 프로젝트는 지식과 테크닉을 학생들에게 일방적으로 전달하던 전통적 디자인 교육법과 차별적이다. 학생들은 자기주도적 방법으로 문제의 발견 및 문제의 해결이라는 경험을 하고, 커뮤니케이션과 의사결정과정을 통해 방향성을 결정하고 협업을 통한 총체적 프로세스를 경험하게 된다. 즉, 사회문화적 현상 분석을 통한 문제의 발견과 정의, 다학제적 지식의 통합을 경험하고 전체적 디자인 기획의 프로세스를 관리 운영함으로써 새로운 문제인식능력과 함께 총체적 시각으로 디자인을 바라보는 힘을 얻게 되는 것이다. 또한, 단일한 문제해결형의 디자인 학습이 아닌 관점의 다양성을 통해 다각적 문제해결이라는 폭넓은 근접방법을 습득하게 되는 것이다.

통합디자인 프로젝트는 프로젝트의 주제와 진행방법의 주안점에 따라 다양한 방법으로 접근이 가능하지만, 통합디자인 프로젝트의 프로세스별 일정 배분 및 각 단계별 협업의 구조, 디자인 사고의 유형 등을 16주를 단위로 나누어 구체적으로 정리하면 아래의 표와 같다.

1주차에는 프로젝트 참가자들에게 오리엔테이션 등의 행사를 통해 목표의 공감을 이루도록 하며, 산학협력 등의 프로젝트인 경우 이해당사자들의 다양한 참여를 통해 서로의 목표를 공유하고 공감할 수 있도록 한다. 참가자들은 열린 발산적 사고를 통해 서로의 목표를 공유하며, 수평적 협업 구조를 통해 보다 자유로운 분위기를 형성하도록 하는 것이 중요하다. 이를 위해 1주차에는 통합디자인 프로젝트를 진행하는 교수의 역할이 중요하다. 아직 경직되어 있는 참가자들을 자유로운 워크숍을 통해 여러 가지 관심 분야, 학문적 배경 등 개인 소개의 시간을 통해 서로에 대한 정보를 얻고, 협업에 대한 기대감을 갖도록 유도할 필요가 있다. 또한, 오리엔테이션 및 세미나를 통해 협업의 의미와 특징, 성공적인 협업을 위한 팀워크에 대한 정보를 제공하고, 트렌드 및 라이프스타일 정보 등의 제공을 통해 앞으로 진행하게 될 디자인 과제·목표에 대한 공감대를 참가자들이 이룰 수 있도록 유도하는 것이 좋다. 목표의 공감단계는 일반적 디자인 프로세스와 차별적인 단계로, 목표의 공감이 충분히 이루어질수록 보다 효과적인 협업과 다양한 통합디자인 프로젝트 결과들을 얻게 된다.

2~3주차는 프로젝트의 주제와 목표를 구체적으로 분석하는 단계로, 참가자들은 개별적 리서치를 통해 프로젝트 주제와 목표에 대한 각자의 관점과 접근방법에 대해 분석하도록 한다. 이 단계에서는 발산적 사고를 통해 다양한 관점과 접근방법을 이끌어 낼 수 있도록 하는 것이 중요하며 워크숍 및 프레젠테이션을 통해 개별적 관점을 공유하도록 유도한다. 이러한 개별적 리서치를 통한 관점의 다각화 작업은 협업을 통해 관점이 일반화되거나 몇몇 리더에 의해 주도되어 편향되기 쉬운 협업의 흐름 속에서 다양한 영역의 관점이 희석되지 않도록 할 수 있다. 주체적 관점과

문제 이해력을 가지고 협업에 참여하는 것은 일에 대한 주체성을 자극할 수 있어 팀워크의 적극성에 영향을 미치며, 디자인 문제해결 결과물의 다양성에 영향을 미칠 수 있다. 따라서 학생들이 개인적 리서치의 시간을 갖도록 장려하고, 그 다음에 이들 간의 다양한 관점을 공유하는 시간을 갖도록 지도하는 것이 바람직할 것이다.

▲ 2~3주차

4~6주차는 구체적 목표설정을 통해 디자인 전략을 유형화하는 단계이다. 디자인 전략의 구체화와 체계화를 위해서 참가자들은 수렴적 사고를 통해 협업을 한다. 프로젝트의 디자인 전략을 유형화하는 과정에서 같은 전략적 관점을 가진 팀원들을 중심으로 개별 팀을 구성할 수 있다. 팀원의 구성과 팀 역할은 협업의 성공과 밀접한 관계가 있기 때문에 팀원들의 학문적 배경, 기술적 역량 외에 협업의 목표에 대한 공감대를 공유하는 관계인지, 팀 역할 유형에서의 중복성으로 인한 문제가 발생하지 않을 것인지에 대한 고려가 필요하다. 즉, 리더만 모인 팀은 의견조절과 디자인 문제의 수행면에서 어려움을 겪을 수 있고, 실행자와 협조자 유형만 모인 팀의 경우 전략의 수립과 방향성의 결정 등에 어려움을 겪을 수 있

▲ 4~6주차

기 때문이다. 팀원들의 전략적 공감대는 보다 효과적인 협업을 이끌어 낼 수 있기 때문에 디자인의 전략의 유형화단계 초기에 팀을 구성하는 것이 좋지만, 주제 분석의 방향성을 기준으로 팀을 구성할 수도 있다. 팀 구성 시 팀원들의 팀 역할 유형을 고려해 계층적 관계가 가능한 구조를 만들어 주는 것도 효과적 협업에 필요한 부분이다. 일단 팀이 구성되면 계층적 구조를 통해 수렴적 사고를 통한 디자인 전략의 유형화가 용이해진다. 즉, 팀 구성 후 몇 번의 미팅을 통해 참가자들은 팀 역할의 분배를 자발적으로 하게 된다. 리더와 기획자, 중재자, 실행자 등의 역할을 하면서 계층적 구조의 팀워크를 통해 참가자들은 팀의 디자인 전략을 구체화하는 작업을 하게 되는 것이다.

7~11주차는 구체적 디자인 콘셉트의 개발과 구현의 작업이 이루어지는 단계이다. 다양한 디자인의 콘셉트를 도출해 내고, 아이디어 스케치를

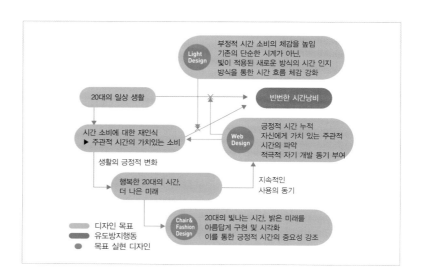

부정적 시간 소비의 체감을 높임
기존의 단순한 시계가 아닌,
Light Design 빛이 적용된 새로운 방식의 시간 인지
방식을 통한 시간 흐름 체감 강화

20대의 일상 생활

빈번한 시간낭비

긍정적 시간 누적
자신에게 가치 있는 주관적
Web Design 시간의 파악
적극적 자기 개발 동기 부여

시간 소비에 대한 재인식
▶ 주관적 시간의 가치있는 소비

생활의 긍정적 변화

행복한 20대의 시간,
더 나은 미래

지속적인
사용의 동기

Chair & Fashion Design 20대의 빛나는 시간, 밝은 미래를
아름답게 구현 및 시각화
이를 통한 긍정적 시간의 중요성 강조

디자인 목표
유도방지행동
목표 실현 디자인

▶ 7∼11주차

▲ 12∼14주차

▲ 15∼16주차

통해 구현 가능성을 타진하는 이 단계에서는 계층적 구조의 협업보다는 수평적 구조의 열린 협업 시스템이 효과적이며, 다학제적 팀원들의 아이디어 확산과 다양화를 위한 발산적 사고가 필요한 단계라고 할 수 있을 것이다.

12∼14주차는 선정된 디자인을 구체화하는 시기이다. 이 단계는 일반 디자인 프로세스의 단계와 동일하며, 보다 구체적 디자인의 실행을 위한 계층적 협업 구조가 필요한 단계로, 방법 및 디자인의 구체화를 위한 수렴적 사고를 통해 디자인의 최종 결과물을 도출해 낸다. 팀원들은 각자의 학문적 배경과 경험을 바탕으로 디자인의 구체화 작업에 기여하게 되는데, 팀의 목표에 대한 적극성과 협업에 참가하는 팀원들의 개인적 능력이 결과물의 구체화에 직접적인 영향을 미치게 된다.

15∼16주차는 디자인의 구현 및 결과물에 대한 평가의 단계이다. 디자인의 결과물에 대한 평가는 다양한 이해관계자들의 평가를 통해 프로젝트의 목표와 결과물이 부합하는가에 대한 피드백을 받는 단계로 피드백의 결과를 반영해 수정 및 구현의 단계를 반복하게 된다. 이 단계에서는

계층적 구조의 협업이 진행되며, 수렴적 사고를 통한 구체적 결과물의 체계화를 한다. 디자인 결과물에 대한 이해관계자들의 평가 결과는 디자인 문제의 이해와 디자인 전략의 유효성을 평가할 수 있는 잣대가 된다. 참가자들이 통합디자인 프로젝트를 통해 다양한 문제 이해와 전략을 세우는 것도 중요하지만, 프로젝트의 다양한 이해관계자들의 문제 인식과 목표에 대한 공감대 공유할 수 있도록 중재 시키고 디자인 전략과 이를 연계할 수 있도록 매니징하는 것도 통합디자인 프로젝트에서는 매우 중요한 문제라고 할 수 있을 것이다.

통합디자인 프로젝트는 일반 디자인 프로세스에 비해 목표의 공감, 디자인 전략의 유형화, 팀의 구성이라는 단계가 추가되므로 더 많은 시간과 팀의 관리 및 팀 역할의 극대화를 유도하는 전략이 필요한 작업이다. 특히 디자인 학문 밖의 영역뿐만 아니라 디자인 내부 도메인들 간에서도 주요 평가 요소, 스케줄의 분배, 발상의 방법, 구현의 정도 등에 있어 서로 다른 기준을 가지고 있다. 따라서, 다학제적 지식과 다양한 배경의 팀원들의 협업을 통해 문제해결의 다각화와 시너지를 일으키기 위해서는 협업의 효과적 진행과 관리, 프로젝트 결과를 극대화할 수 있는 팀원의 구성 및 팀 역할의 배분 등의 문제가 충분히 고려되어야 할 것이다.

통합디자인 프로젝트 16주 프로세스는 교육현장에서 통합디자인 프로젝트를 진행할 때 협업의 구조와 디자인 사고의 단계별 적용 등을 기획하는 데 참고가 될 수 있을 것이다.

▼ 지속가능한 커뮤니티를 위한
통합적 디자인 프로젝트 사례

통합디자인과 미래

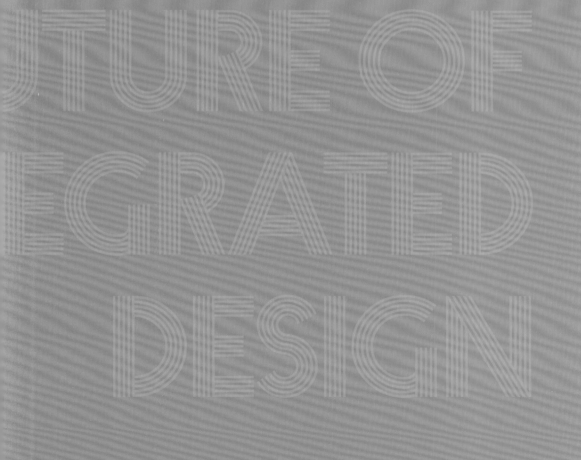

통합디자인과 미래

Future of
Integrated Design

함께 만드는
생활문화

통합디자인은 다양한 디자인 언어를 통합하여 우리의 삶의 모습을 형성하고 창조하는 역할을 한다. 우리의 일상의 삶의 모습, 생활을 디자인하기 위해서는 개개인의 사람들과 사람들이 모여 형성된 대중이 디자인의 출발점이 되어야 한다. 우리의 삶을 통찰력 있게 바라보는 것이 중요하며 대중들에 대한 이해와 그들의 참여가 중요하다. 필립 코틀러^{Philip Kotler}는 《마켓 3.0》에서 우리 사회는 이미 거래지향적이지도, 관계지향적이지도 않으며 소비자, 사용자로서의 대중의 참여를 이끌어 내고 있는 3.0에 도달해 있음을 언급하여, 우리의 사회경제시스템을 만들어 나가는 주체가 이제는 사람들이라는 것을 간과해서는 안 된다고 언급하고 있다. 아이데오^{IDEO}의 공동 설립자인 빌 모그리지^{Bill Moggridge}는 디자인을 일반적 인식단계, 전문적 기술단계, 다학제적 사고단계, 연구단계의 4가지로 나누어 볼 것을 제시하였으며, 이 중 일반적 인식단계는 대중들이 디자인을 선별하고 선택하는 과정이라고 하였다^{IDCC, 2008}. 도널드 노만^{Donald Norman} 역시 그의 저서 《감성적 디자인*Emotional Design*》[2003]에서 '필요에 의해서 환경을 조작하며, 물건을 고르고 선택하고, 정리하고, 개조하는 모든 행위가 디자인'이라고 주장하였다. 이는 디자인의 주체로서 대중의 역할이 중요함을 시사하고 있다고 볼 수 있다.

디자이너들이 만들어 내는 디자인 언어를 대중들이 소비하면서 자신만의 라이프스타일과 이야기를 만들어 나가게 되고, 이는 곧 사회적·문화적 현상을 만들어 간다. 90년대 후반에 등장한 편집매장은 이러한 흐름을 잘 읽어 낸 좋은 사례로 볼 수 있다. 편집매장은 동일한 라이프스타일의 물품들을 모아 놓은 소비자 중심의 상점으로서, 의류부터 일상용품까지 자신의 취향과 맞는 물건을 한자리에서 구매할 수 있는 장점을 지님으로써 판매를 높이는 방법이면서 소비자들에게도 편의를 제공하는 새로운 형태의 마케팅으로 볼 수 있다. 라이프스타일에 따른 통합디자인의 대표적인 사례로 일본의 브랜드 '무지[MUJI]'를 들 수 있다. 자연주의와 미니멀 라이프스타일을 추구하는 소비자를 목표 시장으로 한 '무지'는 의류에서 잡화까지 독특한 구매력을 지닌 통합디자인을 출시하여 세계적인 브랜드가 되었다. 또한, 패션 아르마니는 가정용품을 파는 '카사 아르마니[Casa Armani]' 브랜드를 함께 개발하는 등 통합디자인 브랜드가 속출하게 되었다. 국내의 텐바이텐[10x10]의 경우도 가정에서부터 사무실, 그리고 개인 액세서리에서 생활용품까지 디자이너 온라인 매장으로서 최근 각광을 받고 있다.

● 텐바이텐 웹사이트 이미지

ⓒ tenbyten Commerce co., Ltd

　이들은 의상에서 시작하여 라이프스타일에 맞는 모든 생활용품에 이르기까지 생활에 필요한 모든 것을 디자인하여 소비자들이 한자리에서 취향에 맞는 구매를 효율적으로 할 수 있는 라이프스타일 중심의 통합디자인 매장으로 자리 잡고 있다.

　21세기에 들어오면서 이러한 통합디자인은 개인의 라이프스타일을 넘어서 사회 전체의 생활문화의 개념으로 점차 확대되고 있다. 미국 쿠퍼휴잇 국립디자인미술관Cooper-Hewitt, National Design Museum에서는 2000년부터 새천년을 기념하는 새로운 디자인 트리에날레The National Design Triennial를 시작하였는데, 이 전시회의 목표는 건축, 도시환경, 시각정보, 제품, 애니메이션, 패션 등 모든 디자인 분야를 구분 없이 넘나들며 새롭고 혁신적인 디자인의 맥박을 짚어 보는 일이라고 하였다. 이 전시회는 디자인이 영역의 문제를 떠나서 사회적·기술적·경제적 관심이 이끄는 방향으로 다 함께 통합적으로 움직여 나가야 하는 과제임을 암시하는 것이다. 전시회에 선정된 작품들은 재생 도시계획, 거리의 조명이 되는 자동차, 실내에 장식적 조경을 이루는 컴퓨터, 아이들의 교육시스템이 되는 축구볼 등 이제까지 보기 어려웠던 혁신적인 디자인의 발전을 한눈에 보여 주었다.

　최근에 열린 2011년 디자인 트리에날레에서는 '왜 지금 디자인인가?'Why

Design Now?'라는 주제를 가지고 통합디자인 전시회를 개최하였다. 이 전시에서는 디자인의 패션, 산업제품, 그래픽디자인의 다양한 디자인 분야와 로봇, 건축, 의료 등 모든 것을 아우르는 디자인을 선보이고 있다. 특히, 이 전시에서는 디자인이 에너지energy, 이동성mobility, 지역사회community, 소재materials, 번영prosperity, 건강health, 소통communication에 어떻게 기여하는가를 통합적 디자인 작업을 통해 보여 주고 있다. 에너지 전문 회사와 스토브 제조회사, 필립스 디자인팀, 지역기술연구소가 협업을 통해 개발한 '재충전이 가능한 태양열 배터리 조명등'은 하나의 좋은 예라고 볼 수 있다.

　이러한 상황에서 통합디자이너는 비전을 제시하는 생활문화의 창조자creator로서의 역할을 하여야 한다. 이를 위해서는 디자인 영역 내외로의 소통이 매우 중요하다. 통합디자인은 단순히 주어진 문제를 해결하는 역할을 뛰어넘어 각 분야별로 나누어진 다양한 독립적인 디자인 언어들을 협력을 통해 하나의 콘셉트로 연결하여 미래의 생활문화를 함께 만들어 가는 역할을 한다.

공생하는 미래

통합디자인은 개인의 취향과 요구를 반영하여, 대중의 라이프스타일을 디자인하고 선도하는 역할에서 더 나아가 인류사회가 처한 문제를 같이 고민하고 이를 해결하기 위한 새로운 방향성을 모색하고 있다. 즉, 인류는 이제 진보와 진화에 대한 생각을 다시 재고하고 반성해야 하는 시점에 서 있다. 인류와 우리의 생태환경의 유지와 지속이 진보와 발전의 새로운 방향성이며, 통합디자인은 공생하는 미래, 인류, 삶의 비전을 제시하는 매우 중요한 역할을 하게 될 것이다.

　나단 쉐드로프Nathan Shedroff는 그의 저서 《디자인의 문제Design is the

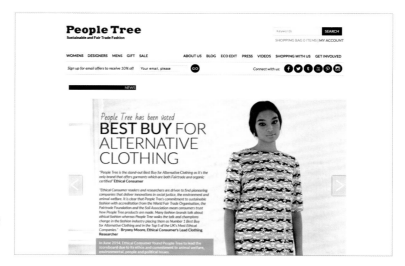

▶ 지속가능 패션 브랜드인 영국
의 피플트리 웹사이트 이미지
© 2014 People Tree and others

Problem》2009에서 미래의 디자인은 반드시 지속가능해야 함을 강조하면서, 지속가능한 디자인을 실현하기 위해서는 환경, 인간, 재정의 문제가 모두 연결되어 있음을 강조하고 있다. 지속가능성의 개념은 근본적으로 통합적 사고를 요구하고 있으며, 모두 다 조화를 이루어야 한다는 점에서 공생이라는 개념과 궁극적으로 연결된다. 그는 디자이너들이 환경, 인간, 재정의 문제를 모두 다 해결할 수는 없지만, 어떤 문제는 해결할 수 있고 왜 다른 문제는 해결할 수 없는지를 알고 설명해야 한다고 말한다. 그는 해결할 수 없는 문제를 아는 것이 해결의 출발점이 됨을 강조하며 지속가능한 디자인에 접근하기 위한 주요 개념들을 다음과 같이 제시하였다.

* **다양성과 유연성**diversity and resiliency: 수천 년 지속되는 시스템은 그 안에 다양성을 수용하는 유연성을 지닌다.
* **집중화와 분산**centralization and decentralization: 중앙집중적 시스템보다 분산화된 시스템이 더 지속가능한 경향이 있다.
* **협력과 경쟁**cooperation and competition: 경쟁은 혁신의 동기가 되지만 혁신의 발판이 되는 협력 없이는 성공할 수 없다. 협력과 함께 중요하게 생각해야 할 것은 공동작업인 협업이다. 협력은 함께 일하는 것이지만, 협업은 함께 이익이 돌아가도록 공동목

표를 위해 함께 일하는 것이다.

- **생태적 활력**ecological vitality: 거주지의 붕괴, 기후변화, 자원고갈, 대기오염, 수질오염 등 건강을 해치는 불안정한 환경은 사회와 커뮤니티를 창조하는 능력을 감소시킨다.
- **사회적 활력**social vitality: 제품의 기획단계에서부터 디자인, 제조, 생산, 유통, 판매, 사용, 폐기에 이르는 전 과정에 관련된 이해당사자들에게 긍정적인 영향을 주는 것이 사회적 활력을 증가시키는 책임 있는 디자인이다.
- **재정적 활력**financial vitality: 아무리 지속가능한 혁신적 해결책이라 하더라도 재정적으로 성공가능하지 않으면 그 효과를 거둘 수 없다. 재정적 활력이 지속가능하기 위해서는 투명성과 책임감이 따라야 한다.
- **세심한 균형**careful balance: 자연의 상태처럼 완벽한 시스템을 만들기는 어렵다. 모든 요소와 요인들의 입력과 출력 간의 세심한 균형을 맞추려는 의지와 끊임없는 노력이 필요하다.

지속가능한 디자인의 사회적 국면을 강조하는 사회적 디자인social design은 사회적 불균형을 줄이는 방법으로 빈민들의 재활과정에 디자인을 개입함으로써 보다 효과적이고 긍정적인 성과를 이루고자 하는 시도이다. 대표적인 지속가능 패션 브랜드 중 하나인 영국의 피플트리People Tree는 사피아 미니Safia Minney가 설립하였다. 피플트리는 지속가능한 패션 산업을 위해 소셜디자인이라는 개념을 도입하여 공정 무역과 일자리 창출을 통한 지역 경제와 소수 문화 활성화에 기여하고 있다. 이를 위해 방글라데시, 인도네시아 등의 소수 문화를 발굴하고 수공예 작가들과 영국의 디자이너들과의 제품 개발 협업을 중재하고 있다. 또한 패션 제품 생산에 참여한 저개발국가의 자립형 경제 환경을 만들고 있으며 노동 환경 개선과 공정 무역을 통한 윤리적 사업을 진행하고 있다. 피플트리와 같은 지속가능한 패션 브랜드는 지속적으로 늘어나고 있는데, 이는 일방향적 소비를 위한 산업이 아니라 같이 생산하고, 같이 기획하며, 서로의 문화적 경제적 가치를 공유하는 사회적 디자인으로의 패션 산업의 가능성과 필요성을 보여주는 것이다. 소셜디자인의 대표적 인물인 에밀리 필로톤Emily Pilloton은 '프로젝트-H 디자인Project-H Design'을 설립하고, 온라인에서 전 세계의 디자인 볼런티어들과 소통하며 현지의 사회적 문제를 통합적 디자인으로 해결하는 사

● 야외체험학습장
ⓒ Learning Landscape

업을 추진하고 있다. 그녀는 이제까지의 디자인이 상위 10%를 위한 디자인이었다면 이제부터 100%를 위한 디자인이 되어야 할 것을 주장하고 있다. 프로젝트-H 디자인은 캘리포니아에 있는 디자인 회사의 도움으로 폐타이어를 이용한 수학 학습프로그램을 개발하고 정규교육을 받지 못하는 아프리카 어린이들을 위한 수학교육 놀이기구를 여러 곳에 만들어 주는 사업 등 다양한 사회적 디자인의 사례를 추진하고 있다www.projecthdesign.org.

프로젝트-H 디자인은 한편 '스튜디오 H'를 설립하고, 디자인과 건축에 봉사할 인원을 모집하여 교육시키는 프로그램을 운영하고 있다. 빈곤층을 위한 교육프로그램 개발과 환경개선을 위한 재능기부 및 볼런티어들의 많은 호응을 얻고 있다. 이러한 작업의 과정에는 건축, 조경, 디자인, 지역사회, 커뮤니티, 정부 등의 협력과 협업이 큰 원동력이 되고 있음을 알 수 있으며, 100% 디자인을 실현시키는 과정 역시 통합디자인 방법이 유용함을 입증하는 사례이다.

미국 스미소니언 내셔널 박물관 주관으로 2007년 쿠퍼휴잇 미술관에서 전시된 '소외 계층을 위한 디자인Design for the other 90%' 국제전시회는 획기적이다. 신시아 스미스Cynthia E. Smith가 기획한 이 전시는 전 세계의 가난하고 소외된 계층이 처한 기초필수품의 결핍에 대응하기 위한 디자이너들 사이에서 증대되고 있는 운동을 탐구하고 있다. 이 전시는 전통적으로

▶ 인간중심디자인 툴킷
ⓒ 에딧더월드, 인간중심통합디자인
연구실 HCID Lab,

디자이너들에게 서비스를 받지 못하는 세계 인구 90%의 방대한 다수를 위해 구매가능하고 사회적 책임이 있는 물건들을 디자인하는 트렌드를 강조하여 보여 주었다. 전시를 보는 사람들에게는 어떤 곳에서나 삶의 질을 개선할 수 있는 디자인의 힘을 설명한다. 이 전시는 어떻게 디자인이 사회적 변화에 다이나믹한 힘이 될 수 있는지, 그리고 다수의 삶을 구할 수 있는지를 보여 주고 있다.

제품의 디자인과 기획에서 사회적 책임과 역할을 생각하는 디자인의 확대와 더불어, 소비자 또는 사용자의 전체 생활방식을 바꾸고, 제품의 공유와 소비의 과정에서 이 세계에 대해 다른 생각을 해보도록 만드는 디자인과 브랜드들이 늘고 있다. 영국의 아웃도어 패션 브랜드 호위Howies는 브랜드의 웹사이트, 페이스북, 핀터레스트 등의 매체를 통해 일상적인 삶의 방식에 대한 질문을 하고, 그들의 생각과 시스템을 공유함으로써 디자인의 사회적 역할을 생산자와 디자이너에게 한정 짓지 않고 소비자와 공유하고 있으며, 가치관의 변화로 확대해 나가는 역할을 하고 있다.

혁신의 대학이라고 불리는 아이데오IDEO는 사회혁신 디자인을 위한 사례와 이를 실천할 수 있는 '인간중심디자인 HCDHuman-Centered Design 툴킷toolkit'과 '교육자를 위한 디자인 사고 툴킷'을 온라인으로 무료 배포하고 있다. 국내에서도 한글판을 무료로 배포하고 있는데, 앞으로의 지식과 경험의 공유와 나눔의 개념도 점차 확산될 것으로 생각된다. 인간중심디자인 툴킷은 인도, 캄보디아, 몽골, 르완다 등에서 물 부족 문제, 의료와 건강, 소규모 영세농민을 위한 소득증대와 같은 사회적 문제에 디자인이 어떻게 역할을 할 수 있는지를 설명하고 있으며, 이를 쉽게 적용할 수 있도록 자세한 설명과 템플릿을 제공하여 실천을 통한 사회적 확산을 돕고 있다.

또한, 교육자를 위한 디자인 사고 툴킷은 교육현장에서의 다양한 문제점을 디자인 사고를 통해 해결할 수 있는 사례와 방법을 제시하여, 디자인 사고에 대한 사회적 인식의 재고와 확산에 기여하고 있다.

교육현장에서도 과목과 전문 지식 중심의 교육으로 인하여 인성의 결

● 인간 동력 세탁기인 지라도라
ⓒ 유지아 아트센터팀

여와 창의적 사고의 필요성에 대한 목소리가 높아지고 있다. 연세대학교 생활디자인학과는 통합적 사고에 기반을 둔 다양한 창의·인성 통합프로그램을 개발하고 실제 교육현장의 선생님들과의 워크숍을 통해 새로운 교육의 가능성을 탐색하고 있다. 실제 워크숍의 내용은 학교가 가지고 있는 교육환경, 인간관계, 진로와 같은 다양한 문제를, 주체인 학생, 학부모, 선생님 및 교육 관계자 간의 소통과 서로의 이해를 통해 공동의 지혜를 모아 모두가 행복한 교육의 방향성을 찾는 것이다.

통합디자인은 이처럼 공생이 가능한 미래환경을 디자인을 통해 실천하는 것으로 이해할 수 있다. 이것은 단지 환경적으로 친화적eco design인 것뿐만 아니라, 지속가능성sustainability, 사회혁신social impact design을 모두 포함하는 통합적 개념이다. 이러한 배경에서 최근 주목받고 있는 지라도라GiraDora 프로젝트 사례를 소개하고자 한다.

지라도라는 아트센터 디자인 대학교Art Center College of Design에 재학 중인 유지아Environmental Design/환경디자인학과와 알렉스 카부녹Alex Cabunoc이 디자인한 것으로, 수도시설이 제대로 갖춰져 있지 않은 지역의 손빨래의 효율을 높이고, 좀 더 나은 경험을 주는 인간동력 세탁기와 탈수기이다. 2011년 9월에 남미 NGOUn Techo para Mi País와 함께 '페루를 위한 안전한 물 프로젝트Safe Agua: Peru'라는 프로젝트를 수업의 하나로 진행했고, 프로젝트의 목표는 페루의 수도 리마, 슬럼지역의 '물 빈곤'의 문제를 개선시키는 것이었다. 아트센터

학생들과 교수진은 잊혀 가는 페루의 수도 리마의 세라 베르데^{Cerro Verde}라
는 슬럼 지역을 직접 방문하여 빈민가에서 마시는 물만큼이나 중요한 것
은 깨끗한 옷이라는 것을 깨달았다. 하지만 흐르는 물과 배수구가 없는
상황에서 물을 컨트롤하는 것은 쉽지 않고, 특히 손빨래는 보통 일주일에
3~5번, 한번에 6시간 이상의 시간이 필요한 노동집약적인 고된 일이며, 여
러 건강상의 문제를 일으킬 수 있다는 것을 발견하였다. 손으로 빨래를
짜는 것으로 올 수 있는 힘줄윤활막염, 그리고 쪼그려 앉으며 생길 수 있
는 만성적인 허리 고통, 찬물로 오는 손의 고통, 특히 겨울에는 습기로 인
해서 옷이 잘 마르지 않아 곰팡이가 발생하고 이로 인한 천식 등이 그 예
이다. 지라도라를 통해 얻을 수 있는 장점들은 다음과 같다.

---

* **건강상의 이점** : 지라도라의 허리를 편하게 펴는 인체공학적인 동작은 손빨래를 통
  해 얻을 수 있는 건강상의 문제를 해결한다.
* **생산성과 시간 절약** : 지라도라는 한 통 정도의 빨래를 하는 데 걸리는 시간을 1시
  간에서 3~5분 정도로 줄인다.
* **물 절약과 생태학적인 이점** : 지라도라는 보통 손빨래를 하는 것보다 3분의 1정도
  적은 물을 사용하고, 물의 재사용을 가능하게 한다.
* **비즈니스 창출** : 지라도라의 혁신적인 비즈니스 플랜은 마이크로 기업(소규모 자본
  기업가)에게 빨래 서비스, 렌탈 서비스, 세일즈를 통한 3가지 매출원을 제공하여 가
  계 수입에 도움이 된다.

지라도라는 앞에서 이야기한 디자인 본연의 통합적 속성을 모두 만족시
키고 있다. 디자인의 아름다움뿐만 아니라, 40달러 이하로 인체공학적 기
술을 적용했고, 지역사회에 추가적인 수입가능성을 제공하였다. 이러한 환
경친화적·지속가능성·사회혁신에 기반을 둔 사회 공동체가 공생하는 환
경을 만들어 가는 것이 앞으로 통합디자이너의 역할이라고 할 수 있다.

통합디자이너의
길

통합디자이너는 다양한 디자인 언어를 활용하여 우리 삶의 모습을 창조하고, 즐겁고 가치있는 생활문화를 형성하며, 인류의 미래를 지속시키기 위해 모두 함께 공생할 수 있는 방향성을 제시하는 역할을 한다. 통합디자이너로서의 궁극적 비전은 사람들의 삶의 모습을 긍정적으로 변화시키고, 이를 통해 사회 전반의 대중들의 인식을 향상시키는 것이다. 통합디자이너는 인간 삶의 관점에서 생활문화를 디자인하는 창조자creator로서, 기업이나 공공기관의 관점에는 해당 조직과 업무시스템의 핵심 역량을 파악하여 새로운 혁신의 가능성을 발굴하는 기회 탐험가explorer로서 역할을 한다. 그리고 이를 위한 기본 자질로서 디자이너는 훌륭한 촉매자facilitator의 역할을 필요로 한다. 즉, 다양한 관여자stakeholder에 대한 공감을

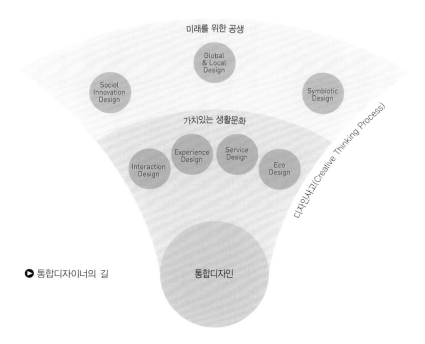

▶ 통합디자이너의 길

기반으로, 이들의 다양한 관점과 이해관계를 조절하고 서로 상생할 수 있는 촉매자로의 역할을 하여야 한다. 또한, 디자인을 통해 우리의 삶이 얼마나 더 풍요로워지고 사람들을 행복하게 할 수 있는지에 대한 사회적 인식을 올바르게 정립하고 확산하는 의무도 통합디자이너에게 있다. 디자인의 존재 이유는 다양하다. 개인과 기업, 그리고 이를 구성하는 지역과 사회공동체, 그리고 인류를 위하여 디자인이 관여할 수 있는 대상은 매우 다양하다. 디자인은 무엇인가를 아름답게 꾸미는 활동이 아닌, 인간의 삶의 본질에 대한 이야기이며, 심미성과 기능성이 통합된 인간의 삶에 필수적으로 필요한 것들을 생각하고 만들어 내는 데 중요한 역할을 하고 있다. 실제 통합디자이너에 대한 사회적 필요성에 대한 목소리와 이에 대한 인재상의 요구는 점점 더 가시적으로 나타나고 있다. 이는 전문적 능력을 가진 디자이너의 중요성이 축소되고 있다는 것을 의미하는 것은 아니고, 새로운 디자인 인재상에 대한 사회적 요구가 점차 가시화되고 있음을 의미한다. 2010년 이후부터 기업의 채용공고를 자세히 살펴보면, 기술과 테크닉 중심의 디자이너와 함께 트렌드, 문화, 사용경험에 기획력을 갖춘 인재에 대한 사회적 요구가 발생하고 있음을 알 수 있다. 즉, 실재 사회에서 요구하는 융합형 인재는 디자인뿐만 아니라, 기획, 마케팅, 프로그래밍 등 다른 분야에도 관심을 가진 인재를 요구하고 있으며, 최근 부각되고 있는 새로운 회사들의 조직구조에서 기획자, 마케터, 디자이너, 프로그래머의 역할 구분이 모호해지면서, 이를 통합하고 중재할 수 있는 인재상에 대한 요구가 점차 두드러지고 있다. 즉, 디자인 기획, 엔지니어링과 프로그래밍, 마케팅, 디자인 개발 등 기획, 디자인, 개발의 전반적 개념을 이해하고 이 속에서 자신의 새로운 전문성을 발굴할 수 있는 인재에 대한 사회적 요구가 나타나고 있는 것이다. 새로운 사회의 요구, 기술의 변화, 미디어 환경의 변화 등을 읽고, 이것을 디자인을 통해 사람들을 설득할 수 있는 통합디자이너의 필요성이 나타나고 있는 것이다.

　리처드 코샬렉^{Richard Koshalek}은 디자이너를 미래의 연금술사로 표현하였다. 이는 디자이너가 세상을 변화시키고 미래를 만들어 나갈 수 있는 창조적인 역할을 수행할 수 있는 잠재력이 있음을 의미하는 것이다. 디자이너는 연금술을 위한 다양한 재료들, 즉 시대의 변화와 사람과 사물에 대한 정보와 지식을 잘 통합하여 의미 있는 변화를 이끌어야 한다. 디자이너는 육감과 통합적 사고에 기반을 둔 미래사회의 의미 있는 변화를 읽어 내고 제시할 수 있으며, 앞으로 점점 더 복잡해지는 사회에서 통합디자이너의 역할이 중요해지는 이유이기도 하다. 하지만 디자인이 가진 본질적 가치보다는, 분업화된 산업사회에서 전문 기능인으로서의 역할만이 강조되어 왔다. 통합디자인이라는 이슈는 본디 디자인이 가지는 본질적 가치에 대한 반성이자, 그리고 디자이너 스스로 좀 더 현명해지고 통찰력을 가진 하나의 체계로 자리매김하기 위한 성찰일지 모른다.

다니엘 핑크^{Daniel Pink}와 같은 미래학자도 디자인은 미래의 비전이며, 이를 위한 요건을 다음과 같이 언급한 바 있다. 첫째, 기능보다는 디자인을 중시하고, 둘째, 주장보다는 스토리를 중시하며, 셋째, 일에 대한 전문화보다는 통합적 능력을 길러야 하며, 넷째, 논리보다는 공감을 중시하고, 다섯째, 진지함보다 놀이를 중시하며, 여섯째, 물질보다는 초월적 가치를 중시해야 한다고 했으며, 마지막으로 성공적 통합을 위해서는 목적의식을 가지고, 폐쇄보다는 개방적인 태도로 다양한 견해의 충돌을 창조의 동기로 활용하는 것의 중요성을 강조하였다.

통합디자이너로서 프로세스와 시스템의 상호작용과 변화를 이해하고 이를 새로운 관점에서 바라보는 것이 중요하다. 그리고 이러한 관점으로 발견된 새로운 가치를 디자인을 통해 사람들과 적극 소통하고 함께 고민해야 한다. 이를 위해 디자이너는 미래에 적응할 필요가 있다. 미래 예측에 있어서 디자이너의 능동적인 역할은 창의적 예측에 중요한 역할을 한다.

디자인은 현재의 문제를 창의적으로 해석하여, 가능한 상상력을 통해 새로운 것을 만들어 내는 활동이기 때문에 디자인은 미래 지향적이며, 인간의 삶에 의미를 부여하고 새로운 가치를 만들어 나가게 된다. 이러한

◐ 뉴욕의 'Active Design Guideline'은 디자인이 도시민의 행태를 바꾸고 나아가 도시 전체가 건강해질 수 있다는 가능성을 실험하고 있다.

디자인 활동, 즉 발견, 상상, 실험, 창조를 통해 디자인은 좋은 미래의 변화를 만들어 나가는 것이다. 그리고 이것이 디자이너의 임무이다. 이러한 디자인의 미래 지향적 관점에서, 통합디자이너들은 기업이나 사회가 디자이너들에게 기존에 요구하던 제품의 미래 콘셉트에 대한 요구에서 더 나아가 보다 비즈니스적·사회적·생태적인 지속가능의 관점에서 장기적 미래 예측 시나리오를 작성하고, 이를 가시적·시각적·물질적으로 표현할 수 있는 능력이 필요하다. 또한, 이를 위한 디자인의 본질과 가치를 사회적으로 올바르게 인식하고, 실천을 통해 전파하는 선도자로서의 역할이 필요하다.

미래를 변화시킬 최근의 동력으로 3차 산업혁명에 대한 이야기가 나오고 있다. 제레미 리프킨^{Jeremy Rifkin}이 그의 저서에서 언급한 이 개념은 2050년경 커뮤니케이션의 체계와 에너지 체계에 따른 경제혁명을 예고하고 있다. 이코노미스트도 디지털화를 통해 소재산업과 3D프린터로 이야기되는 생산체계와 노동의 방식이 앞으로 변화될 것을 이야기하고 있다. 디자인의 현재가 있게 된 가장 큰 원인으로 우리는 18세기 중엽 영국에서 시작된 산업혁명을 이야기한다. 산업혁명으로 인한 새로운 생산체계와 삶

◉ 'Farmers Party'는 도시와 농촌을 새롭게 연결해주고 모두를 행복하게 만드는 새로운 실험이다.
ⓒ 액션서울

> ▶ 대만 정부는 대만의 미래를 위해 디자인 사고를 접목한 Smart Living Project를 통해 다양한 통합적 디자인 실험을 하고 있다.

을 향상시키기 위해 다양한 디자인 운동이 있어 왔고, 이것은 현재의 우리 삶의 모습을 형성하였다. 그렇다면 '3차 산업혁명이 대비되는 미래에서 디자인의 역할은 어떻게 변화할 것인가?'라는 질문은 매우 흥미로우며 디자이너들은 매우 진지하게 고민해야 될 것이다.

통합디자인은 새로운 미래를 준비하기 위한 하나의 과정이나 방향으로 이야기할 수 있다. 우리는 지금까지 우리 삶 속에 잠재되어 있는 문제를 찾아내고, 니즈를 발굴하여 미래를 디자인하기 위한 창의적 사고 방법으로서의 디자인 사고Design Thinking, 즉 발산과 수렴적 사고Divergence Convergence Thinking 과정의 중요성을 이야기하였다. 이는 주어진 문제를 해결하는 수동적 태도에서 벗어나 자기주도적으로 현실의 문제를 파악하고 미래를 개척하는 탐험가로서의 역할을 수행하여야 함을 뜻하는 것이다. 우리는 흔히 첨단과학의 시대, 전문화된 시대에 살고 있다고 이야기를 한다. 하지만 각종 사건·사고를 접하게 되면, 과연 우리가 과연 현대 사회에 살고 있는지 의문을 가지게 되는 경우가 많다. 모든 전문가들이 모여, 우리가 만들어낸 제품이나 시스템은 안전하다고 말하지만 그 제품이나 시스템이 지향해야 하는 근본적 질문, 즉 인류의 삶을 행복하게라는 단순한 질문에는 답을 하지 못하는 경우가 대부분이다. 우리는 우리가 믿고 있는 한정된 영역의 전문성에 대한 과도한 믿음에서 벗어나, 우리가 살아가는 이유에 대한 질문을 다시 해야 하는 시점에 서 있는 것이다.

◀ 자동차도 이제는 가전제품
처럼 플러그로 연결하는 시대
가 되었다. 과연 우리는 어떤
미래와 플러그 될 것인가?
ⓒ정의철

통합디자이너의 길은 우리의 삶의 존재에 대한 질문들을 하나씩 찾아
가고 답을 만들어내는 여정인 것이다. 통합디자이너가 해야 할 일은 앞으
로 너무나도 방대하다. 미래의 디자인 주제로 새로운 재생 에너지를 발굴
하고 대체 에너지를 찾아나가는 Eco-Friendly & Symbiotic Design에 대
한 많은 논의가 있어 왔다. 최근 테슬라^{Tesla} 'Model S'는 여러 가지 면에
서 시사하는 바가 크다. 사람들의 환경에 대한 인식과 실천 의지가 바뀌
면서 자동차 개념에 대한 변화가 일어나고 있다. 커뮤니케이션 체제의 변
화와 수평적 사회에서 사람들의 삶의 질을 근본적으로 향상시키기 위한
Social Innovation Design도 매우 중요한 분야이다. 디자인 범죄를 예방

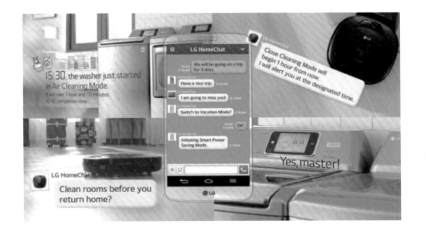

◀ 영화 〈Her〉에서 보았듯이 미
래에는 집 혹은 집을 지키는
가상의 집사와 이야기하는
시대가 될지도 모른다.
ⓒ LG전자

하고, 우리 삶의 모습을 하나씩 바꾸어 나가기 위해 의미 있는 노력들이 많이 시도되고 있다. 디자인은 사람들의 삶의 일부이고 삶의 행태를 형성하는데 매우 큰 영향을 주기 때문에, 디자이너의 사회적 역할은 앞으로 더욱 중요해질 것이다. 정보화와 디지털화되는 시대에 사람들의 경험을 향상시키기 위한 Interaction & Experience Design에 대한 연구가 더욱 활발해질 것이다. 많은 제품들은 서로 연결되면서 진화를 거듭하고 있다. 제품디자인에 있어서 사용자의 행태를 파악하여 편리를 제공하는 디자인, 사물이 서로 네트워크로 연결된 스마트 홈을 위한 디자인 등은 이러한 변화의 시작점에 불과하다. 국내 LG전자는 최근 홈챗이라는 가상의 집사를 통해 가전제품들을 관리하는 새로운 스마트홈 시스템 콘셉트를 선보였다. 특히 로봇청소기를 통해 집안의 청소와 다양한 가사일을 도와주는 미래형 제품디자인의 새로운 시도를 하고 있다. 3D프린터 기술, 로봇의 대중화, 그리고 가정에서 간단한 제품을 생산할 수도 있는 생산체계의 변화는 앞으로 우리의 삶을 많이 바꾸어 놓을 것이다. Global Design과 함께 Local Design의 개념이 부각될 것이며, 디자이너의 역할에도 많은 변화가 일어날 것이다.

최근 애플의 가와사키^{Kawasaki}가 사용한 이밴절리스트^{evangelist} 개념에서 통합디자이너의 역할을 생각해 볼 수 있다. 이밴절리스트는 '전도사'라는 사전적 의미가 있으며, 직업으로서 의미는 기술적 우위에 관한 전문 지식을 전달함으로써 자신의 기술을 적극적으로 옹호하는 집단을 만들고, 이를 시장에서 특정 표준을 생성하는 목적을 달성하는 사람들을 뜻한다. 경험 마케팅의 4E의 요소인 Evangellism, Enthusiasm, Experience, Exchange의 첫번째 요소인 이밴절리즘^{Evangellism}은 한 회사가 그 제품을 열렬히 지지하여 다른 비사용자들에게까지 해당 제품으로 바꾸도록 유도하는 고객을 만들어 내는 전략을 의미한다. 통합디자이너의 역할에서 이밴절리스트를 이야기하는 것은 대중들의 디자인에 대한 올바른 이해가 통합디자인의 사회적 파급에 큰 역할을 하기 때문이다. 통합디자인이 추

🔺 '콩두'는 한국의 전통문화를 세계화시키기 위한 브랜드로 한국의 문화를 알리는 역할을 하고 있다.
© 콩두에프앤씨

구하는 '가치있는 생활문화'와 '미래를 위한 공생'을 위한 실천적 태도와 경험적 지식에 대한 필요성을 전파하고, 우리의 삶의 수준을 디자인을 통해 향상시키는 '전도사'로서의 역할이 매우 필요하다. 통합디자이너로서 우리는 디자인 이밴절리스트를 필요로 하고 있다. 통합디자이너는 다양한 지식에 기반을 둔 창조적 직관에 의한 미래에 대한 시각적 묘사를 통해 우리 사회의 나아갈 방향과 미래 비전을 제시하고 이를 실천하는 사람이며, 또한 디자인이 가지는 실천의 가치를 사람들에게 올바르게 인식시키고 공감할 수 있도록 해야 하기 때문이다. 통합디자이너는 우리의 삶과 사회, 문화, 그리고 우리 생태 환경에 대해 끊임없이 고민하고 비전을 제시하여야 할 것이다.

REFERENCE

국내문헌

2009 환경 리포트 Architecture2030.org.

KDRI 한국디자인산업연구센터(2013). urtrend.net 2013 special report vol. 4.

국제미래학회(2013). 미래가 보인다: 글로벌 미래 2030. ㈜ 박영사.

김민수(1994). 모던디자인 비평. 안그라픽스.

다니엘 핑크(2005). 새로운 미래가 온다. 한국경제신문.

데본 리 지음(2008). 콜래보경제학. 흐름출판.

데이비드 라우어 저, 이대일 역(1993). 조형의 원리. 미진사.

돈 탭스코트, 앤서니 윌리엄스 저, 김현정 역(2011). 매크로 위키노믹스. 21세기 북스.

레오나르드 코렌 저, 박영순 역(2011). 배치의 미학: 수사학으로 본 디자인 조형원리. 교문사.

박영순, 윤지영, 한정원, 김미경, 이현정, 김은정, 전종찬, 오세환(2013). 디자인과 문화. 교문사.

손일권(2003). 브랜드아이덴티티: 100년 기업을 넘어서는 브랜드 커뮤니케이션 전략. 경영정신.

알렌 허버트 저, 손의식 역(1993). 디자인의 개념. 도서출판 재원.

에이드리언 포티 저, 허보윤 역(2004). 욕망의 사물, 디자인의 사회사. 일빛

이문규, 박영춘(2004). 디자인과 마케팅. 형설출판사.

이순종, 김난도(2010). 디자인의 시대 트랜드의 시대. 미래의 창.

잔 루이지 파라키니 저, 김현주 역(2010). 프라다 이야기. 명진출판.

정승진(2012). 오픈 비주얼 아이덴티티 시스템(OVIS)의 개념과 적용 가능성: 국내 대기업 중 다매체 유통기업을 중심으로. 연세대학교 대학원 석사학위논문.

정의철 외(2014). IDEO 인간중심디자인 툴킷. 한국디자인진흥원. 에딧더월드.

정의철 외(2014). 교육자를 위한 디자인사고 툴킷. 에딧더월드.

조너던 리트맨, 톰 켈리 저, 이종인 역(2007). 이노베이터의 10가지 얼굴. 세종서적.

캐서린 베스트 저, 정경원, 남기영 역(2008). 디자인 매니지먼트. 럭스미디어

크리스티안 미쿤다 저, 최기철, 박성신 역(2005). 제3의 공간. 미래의 창.

토마스 알렌, 군터 헨 저, 최재필 역(2008). 성공하는 기업 조직과 사무공간. ㈜ 퍼시스.

패트리셔 애버딘 저, 윤여중 역(2006). 메가트렌드 2010 - 새로운 세기를 주도하는 7가지. 청림출판.

한국디자인산업연구센터(2008). 창조와 융합: IDCC 2008 Proceedings. KDRI, 안그라픽스.

한국트렌드연구소(2011). 2012 메가트렌드 인 코리아. 중요한현재.

국외문헌

Beijing National Swimming Centre, China. American Institue of Architects Building Information Model (BIM) Awards Competition 2004 (TAP) Knowledge Community

Bernhard E. Burdek. (2005). *Design: History, Theory and Practice of Product Design.* Birkhauser.

Construction Users Roundtable' s "Collaboration, Integrated Information, and the Project Lifecycle in Building Design and Construction and Operation" (WP-1202, August, 2004)

Daniel Pink. (2005). *A Whole New Mind.* RiverheadBooks.

Didier Grombach. (2008). *Histoire de la mode.* REGARD.

Hara Kenya. (2007). *Designing Design.* Lars Muller Verlag.

Institute français de la mode. (2008). *Twenty years of fashion system.* IFM/REGARD.

Integrated Project Delivery: A Guide 2007 The American Institute of Architects.

Integrated Project Delivery: Case Studies January 2010 The American Institute of Architects.

Jack Stoops, Jerry Samuelson. (1990). *Design Dialogue.* Davis Publications Inc.

Karl Ulrich & Steven Eppinger. (2008). *Product Design and Development* (4th ed.). McGraw Hill.

LEED 2009 for New Construction and Major Renovations Rating System (With Alternative Compliance Paths For Projects Outside the U.S.) U.S. Green Building Council.

Leonard Koren. (2003). *Arranging Things*. Stone Bridge Press.

Martens, Y. (2008). *Unlocking creativity with physical workplace*. Delft University of Technology.

Mike Press & Rachel Cooper. (2003). *The Design Experience: The Role of Design and Designers in the Twenty-First*. Century Ashgate Publishing.

Nancy Duarte. (2010). *Resonate: Present Visual Stories that Transform Audiences*. John Wiley & Sons, Inc.

Penny Sparke. (1998). *A Century of Design - Design Pioneers of the 20th Century*. London: Octopus Publishing.

Peterson, K.W. (2007). Achieving sustainability through Integrated design. *Buildings* Vol. 101 no. 11, November 2007, pp. 20-21.

Philips Design. (1996). *Vision of the Future*. Philips.

Richard H. Thaler & Prof. Cass R. Sunstein. (2008). *Nudge: Improving Decisions About Health, Wealth, and Happiness*. Yale University Press.

Roger Martin. (2009). *The Design of Business*. Harvard Business School Press.

Root-Bernstein, R. & Root-Bernstein. (2001). *Sparks of Genius: The Thirteen Thinking Tools of the World's Most Creative People*. M., Mariner Books.

Runco, M. A. (2006). *Creativity: Theories and Themes*. Academic Press.

Sharon Poggenpohl & Keiichi Sato. (2011). *Design Integrations: Research and Collaboration Paperback*. Intellect Ltd.

Smithsonian Cooper-Hewitt National Design Museum. (2000). *Design Culture Now: National Design Triennial*. New York: Princeton Architectural Press.

Smithsonian Cooper-Hewitt National Design Museum. (2006). *Design Life Now: National Design Triennial 2006*. New York: Smithsonian Institution, New York.

Smithsonian Cooper-Hewitt National Design Museum. (2010). *Why Design Now?: National Design Triennial 2010*. New York: Smithsonian Institution.

Steven Aimone. (2007). *Design*. Lark Books.

Stuart Pugh. (1991). *Total Design: Integrated Methods for Successful Product Engineering*. Addison-Wesley Publishing Company Inc.

Tim Brown. (2009). *Change by Design*. HarperCollins.

Tim McCreight. (2006). *Design Language*. Brynmorgen Press.

William J. R. Curtis. (1996). *Modern Architecture Since 1900*. Phaidon Inc Ltd.

웹사이트

http://www.adidas.com
http://www.design.co.kr
http://www.dolcegabbana.com/gold/
http://www.en.wikipedia.org
http://www.evian.fr
http://www.google.com
http://www.hotelpetitmoulinparis.com
http://www.hyundai.com
http://www.lge.co.kr
http://www.louisvuitton.com
http://www.manitobahydroplace.com
http://www.melbourne.vic.gov.au
http://www.puma.com
http://www.robertocavalli.com
http://www.samsung.com/sec
http://www.standard8.com
http://www.terms.naver.com
http://www.thestephensprousebook.com
http://www.walkerart.org/
http://www.youtube.com

INDEX

저 자 소 개

박영순
이화여자대학교 미술대학 생활미술학과
Wayne State University Industrial Design(M.A.)
연세대학교 대학원 주거환경학과(Ph.D.)
현재 연세대학교 생활과학대학 명예교수

김영인
연세대학교 생활과학대학 의생활학과 및 대학원 석사
École nationale supérieure des Arts Décoratifs, 패션디자인학과
Université Paris 1 Panthéon-Sorbonne, 조형예술학과(Dr. Arts et Sciences de l'Art)
현재 연세대학교 생활과학대학 생활디자인학과 패션디자인, 색채 전공 교수

이현주
이화여자대학교 미술대학 생활미술과
TAMA Arts University 시각디자인 석사(MFA)
Tokyo National University of Music & Fine Art 디자인 박사(Doctor of Fine Art field of Design)
현재 연세대학교 생활과학대학 생활디자인학과 시각디자인 전공 부교수

이지현
연세대학교 생활과학대학 의생활학과(B.S.)
홍익대학교 산업미술대학원 산업디자인학과(M.A.)
Marangoni Istituto di Milano, Italy, Fashion Design Master Course
연세대학교 대학원 의류환경학과 패션디자인 전공(Ph.D.)
현재 연세대학교 생활과학대학 생활디자인학과 패션디자인, 패션일러스트레이션 전공 부교수

정의철
서울대학교 미술대학 산업디자인과
서울대학교 미술대학 산업디자인과 대학원
The Institute of Design, Illinois Institute of Technoloy 디자인학 박사(Ph.D. in Design)
현재 연세대학교 생활과학대학 생활디자인학과 산업디자인 전공 조교수

이상원
서울대학교 공과대학 건축학과
Carnegie Mellon University 건축학과(M.S. in Computational Design)
Northwestern University 전산학과(Ph. D in Computer Science)
현재 연세대학교 생활과학대학 생활디자인학과 컴퓨터그래픽스 전공 조교수

인간과 환경의 유기적 결합을 창조하는

통합디자인

2015년 1월 15일 초판 인쇄 | 2015년 1월 22일 초판 발행

지은이 박영순 · 김영인 · 이현주 · 이지현 · 정의철 · 이상원 | **펴낸이** 류제동 | **펴낸곳 교문사**

전무이사 양계성 | **편집부장** 모은영 | **디자인** 김재은 · 신나리 | **제작** 김선형 | **홍보** 김미선
영업 이진석 · 정용섭 | **출력 · 인쇄** 동화인쇄 | **제본** 한진제본

주소 (413-120) 경기도 파주시 문발로 116 | **전화** 031-955-6111 | **팩스** 031-955-0955
홈페이지 www.kyomunsa.co.kr | **E-mail** webmaster@kyomunsa.co.kr
등록 1960. 10. 28. 제406-2006-000035호
ISBN 978-89-363-1361-6(93590) | 값 20,000원

이 저서는 2011학년도 연세대학교 학술연구비 `[2011-22-0265] 통합디자인 – 혁신과 창의를 위한 탐험'의
부분적인 지원에 의하여 이루어진 것임.